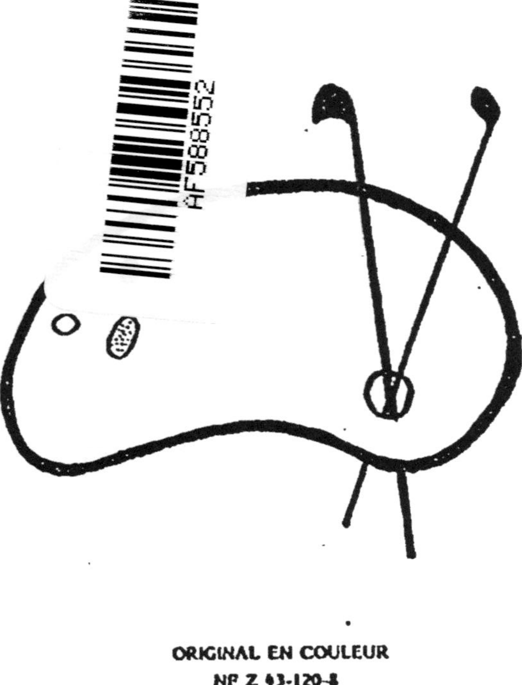

ORIGINAL EN COULEUR
NF Z 43-120-8

Couverture inférieure manquante

Raoul de LAGENARDIÈRE

EN ESPAGNE

PRIMAVERA

ABBEVILLE
C. PAILLART, IMPRIMEUR-EDITEUR
1901

EN ESPAGNE

PRIMAVERA

Raoul de **LAGENARDIÈRE**

EN ESPAGNE

PRIMAVERA

ABBEVILLE

C. PAILLART, IMPRIMEUR-EDITEUR

1901

A MADAME P* DE LA P***

Voulez-vous me permettre, chère Madame et amie, d'évoquer votre nom et d'inscrire vos initiales en tête de ces pages. Ce sera pour elles une bien poétique couronne et en même temps un grand honneur.

J'aurais souhaité vous offrir une œuvre plus digne de vous, Madame; mais, ne l'oubliez pas, ce sont des prémices que je mets à vos pieds, les prémices d'une étude dans laquelle vous avez bien voulu m'encourager par vos éloges délicats autant que par vos distingués et affectueux conseils.

Daignez agréer, chère Madame, cet humble hommage d'une très grande admiration et d'un très profond respect de la part d'un ancien et sincère ami.

R. L.

Mars 1901.

EN ESPAGNE

PRIMAVERA

L'aurore en Espagne. — BARCELONE : *Premières remarques.* — *21 Avril.*

Trois heures du matin, de l'autre côté des Pyrénées. Au revoir! c'est sur le sol étranger que nous assistons au petit lever du jour, dans le mystère d'une demi-lumière.

Nos yeux tournés vers la France se heurtent à un cirque de montagnes, barrière du pays natal refermée sur nos pas. A droite, des nuages floconneux, noirs, pommelés, gris de cendre, fument sur les sommets; des dents blanches, fourrées de neige, se découpent à gauche sur le bleu mort du ciel, tout près de l'atteindre, car il est très bas par cette atmosphère lourde. Les arêtes de la cime forment une ligne irrégulière, comme les contours d'une côte sur une carte de géographie.

Le train file à toute vapeur dans la pénombre. L'œil collé à la vitre, j'épie les déchirures du ciel pour saluer du même coup la naissance de l'astre et la terre d'Espagne que nous foulons depuis tantôt une heure.

Là-bas, tout au fond, du côté de chez nous, les nuages qui ont voilé l'azur disparaissent à leur tour derrière une clarté floue, comme une membrane blanchâtre. Tels, au jour de la Fête-Dieu, on voit les murs recouverts de draperies blanches sur le passage du Saint-Sacrement. On dirait aussi une toile pour peindre.

Un conflit entre l'ombre et la lumière. Celle-ci — c'est la consigne — vient relever de sa garde la première qui refuse de se retirer, comme si elle s'était attachée à cette moitié de la terre sur qui elle avait mission de veiller pendant dix heures, comme si elle ne voulait plus abriter l'autre, celle qui l'attend à présent. Le jour commence à poindre ; mais l'ombre, immobile au poste, enlève à son éclat, tandis que lui, sans pudeur, la pénètre et la trouble. L'aube vient péniblement ce matin.

Huit heures : nous arrivons à Barcelone. La ville est très étendue, bien percée, avec de larges rues, d'immenses boulevards, de belles maisons, beaucoup de jour et d'air : une ville élégante et agréable. C'est une ville neuve, par exemple, d'aspect séduisant, mais pauvre en antiquités ; une ville cosmopolite aussi, poussée trop près de la frontière, où se rencontrent dans un cadre plus ou moins local des types universels ; une ville de plaisir encore.

Ce que j'admire tout de suite à Barcelone, ce sont les promenades, les fameuses *ramblas* qui partagent en deux la capitale. Figurez-vous une enfilade d'avenues très longues, très larges, très régulières avec, au milieu, surélevée en manière de trottoir, une vaste allée pour les piétons qui occupe, dans sa largeur, les deux tiers de la voie, et, de chaque côté, une étroite chaussée abandonnée aux voitures. Grands hôtels, théâtres, banques, magasins de luxe encadrent les *ramblas*, et la fine fleur de la société, chaque jour, s'y donne rendez-vous.

Ces boulevards me rappellent le *Ring* à Vienne et la *via Andrassy* à Pesth.

Je remarque aux fenêtres ces balcons vitrés qu'on nomme *miradors :* c'est pur espagnol, cela. De grandes palmes, appliquées au-dessous des fenêtres sur les façades des maisons, piquent au plus haut point ma curiosité : ce sont, paraît-il, les palmes du dimanche des Rameaux qui remplacent notre buis bénit. Au lieu de les planter à la tête du lit, comme elles sont trop volumineuses, l'usage ici est de les pendre au dehors sur les murs de l'habitation.

Après un rapide coup d'œil à la *Casa de la Diputacion*, à la cour gothique, aux rampes d'escalier en marbre ajouré et aux gargouilles fantastiques de l'*Audiencia*, nous visitons la cathédrale.

J'étais accompagné dans ce voyage par Monsieur le chanoine Berry, cet ami de choix qui m'avait déjà prêté, il y a deux ans en Italie, le charme exquis de sa société.

Les églises espagnoles — j'ai constaté la même chose partout — affectent à l'intérieur une disposition spéciale. D'abord, ni chaises ni bancs. De plus, le chœur du chapitre, placé au centre de l'édifice, forme une chapelle à part, une petite église dans la grande. Enclavé dans trois murailles ou trois hautes cloisons, sculptées sur chaque face, il regarde par le côté ouvert la *Capilla Mayor* — la chapelle du maître-autel — avec laquelle il communique au moyen d'une double grille qui, fermée. fait avenue en les reliant et, ouverte, les isole en laissant le passage libre entre les deux. Le chœur et la *Capilla Mayor* sont élevés sur le même plan; leurs extrémités se trouvent sur le prolongement les unes des autres. Ils figurent les deux moitiés ou les deux tronçons d'un rectangle qui s'éloigneraient quand celui-ci s'allonge, comme on fait d'un bracelet pour y glisser le poignet.

Cette construction masque aux fidèles la vue du maître-autel : les offices célébrés à la

Capilla Mayor sont à l'usage des chanoines. Les cérémonies pour le peuple ont lieu dans une des chapelles latérales, un peu plus vaste que les autres.

Le soir, avant que la nuit ne vienne, je fouille toutes les artères principales de Barcelone, ces avenues fleuries appelées *ramblas, paseos, rondas, salons,* charmante faveur qui enrubanne la cité.

Au *Parque,* d'une éminence hérissée de rochers gris, étroits et allongés comme les supports des dolmens antiques, on découvre une belle vue sur la mer. Tout près, une fontaine monumentale, couronnée par un quadrige doré : un vrai mont de pierre et de mousse qui recèle des grottes dans ses flancs. Oh ! la jolie petite femme demi-nue, au sourire provocateur, tout au sommet ! Et cette ravissante coupe de marbre blanc, historiée d'enfants qui s'amusent : en voilà un qui est tombé dedans, la tête la première, un autre qui soulève péniblement son camarade, pris lui aussi de curiosité ; un troisième qui se cramponne aux parois en rassemblant et en tortillant son corps pour arriver, encore un qui a triomphé, celui-là ; il est en haut, le visage rayonnant de satisfaction et de fierté. Le naturel des poses et des physionomies, chez ces petits, m'a captivé.

Avant de m'engager de nouveau dans les *ramblas*, le cœur de la ville, où on finit toujours par revenir, je considère l'obélisque de Christophe Colomb. Au seuil de la *rambla de Santa Monica*, cette première dizaine du chapelet de *ramblas* qui se continue par celles du Centre, *de Flores*, *de Estudios* et *de Canaletas*, à deux pas du rivage, dominant la terre et l'eau, une statue colossale de Christophe Colomb, en bronze, se dresse au sommet d'une énorme pyramide granitique.

Elevée à une hauteur prodigieuse, comme pour symboliser la gloire historique dont elle est le monument, elle regarde la mer, la mer immense qui a porté le célèbre explorateur au nouveau monde. Au pied de la colonne, un piquet d'honneur : des statues isolées et groupées, de marbre ou de pierre. La base polygonale est enjolivée, sur toutes ses faces, de bas-reliefs illustrant la découverte de l'Amérique; on y voit par exemple la réception, à son retour, de Christophe Colomb par Ferdinand et Isabelle.

Les *ramblas* présentent le spectacle d'une fourmilière humaine au tiède crépuscule. Je voudrais déjà distinguer quelques traits du type national, commencer par l'observation mon étude du peuple d'outre-monts. Mais je suis mal placé pour cela; ici on voit plus d'étrangers que d'Espagnols.

Beaucoup d'hommes, ceux du pays précisément, ont le teint jaune, cuivré ou plutôt citrin, sur un visage ovale et replet, avec des yeux très noirs. Ils me font penser, ces hommes, par leur teint, aux premiers Grecs que je vis à Corfou l'an passé. Femmes coiffées de la mantille, à la figure mate, à l'œil de jais, aux traits un peu forts, à la démarche nonchalante; ouvriers chaussés d'espadrilles, de sandales blanches, attachées par deux tresses qui courent, parallèles ou en se croisant, sur la longueur du pied; portefaix en bonnet de coton écarlate et en blouse; femmes du peuple, un mouchoir noué sur la tête; soldats au pantalon rouge, avec une bande noire sur le côté de haut en bas, vêtus de la tunique ou de la capote et portant un shako très drôle, bas, ovale et dont le sommet s'incline en arrière, à la façon d'un petit toit, avec une pente très accentuée : voilà tout ce qui a répondu, je crois, à mes questions mentales : « Etes-vous Espagnol? »

Un pèlerinage à Notre-Dame de Montserrat.
Une légende. — 22 Avril.

Après Barcelone, la campagne est peuplée de gros villages ramassés autour d'importantes usines : fonderies, fabriques de laine et de coton. Des bâtiments rectangulaires, de hautes cheminées par où s'échappe une épaisse fumée ; rien de pittoresque, mais l'uniformité grise de la région industrielle.

Puis le sol se couvre de vignes, de céréales, d'arbres fruitiers, et au loin, par delà cette forêt de sapins qui verdoie au soleil, on voit les dents du Montserrat menacer le ciel. La voie s'encaisse et nous nous engageons dans une gorge étroite, aux parois abruptes, dont les fentes à gauche laissent voir l'imposante montagne.

Monistrol, village sans importance bâti sur les bords du Llobregat. Nous échangeons le chemin de fer contre le funiculaire, un seul wagon divisé en deux classes : en tête, deux compartiments tapissés en velours rouge, les places de luxe ; et, par derrière, une boîte ouverte à tous les vents avec de simples banquettes de bois. La locomotive, s'inclinant et comme agenouillée, pousse le petit véhicule.

Oh ! l'étrange costume que portent ces grands et beaux hommes assis de l'autre côté de la cloison : veste courte de postillon, galonnée, rayée de liserés blancs et rouges avec de larges boutons d'argent; chapeau haute forme, la cocarde au côté et au-dessous une bande dorée qui va du sommet à l'extrémité de l'aile relevée; ceinture grosse de cartouches ! Ont-ils l'air fier sous cette livrée ! De plus ils tiennent à la main un fusil.

Des laquais de noble maison, sans doute, les gardes d'une seigneurie voisine ou bien l'escorte d'un grand d'Espagne ? Mais parmi les voyageurs, je ne trouve personne qui justifie cette distinction ; nous sommes seuls, mon compagnon et moi, en première classe. Ce sont tout simplement des gendarmes, les gendarmes de la montagne, institution spéciale à la Catalogne, qui vont à la reconnaissance des rochers. Pour s'épargner une marche inutile, ils ont pris le train jusqu'aux premières assises de la montagne.

A les voir ainsi vêtus en grande cérémonie, brillants comme des astres, qui les eût pris pour des chasseurs de brigands, de ces fameux brigands d'Espagne si redoutables dans les récits légendaires et qui n'existent plus aujourd'hui, me semble-t-il, qu'à l'état de souvenirs lointains, du moins dans la plus grande partie du pays.

Le funiculaire longe d'abord en plaine la rive gauche du Llobregat, tout pommelé de galets, enjambe le fleuve sur un pont de fer, s'arrête quelques minutes et grimpe lentement en zigzags, à grand renfort de vapeur, la pente rapide au sommet de laquelle se trouve le monastère.

La montagne s'étage en terrasses superposées qui disparaissent à notre droite à mesure que nous nous élevons. Elle semble, avec ses reliefs et ses aspérités, une forteresse géante armée de toutes pièces, un monstre hérissé de défenses. Quel chaos !

Des faisceaux d'aiguilles de pierre grise, plantées dans le roc comme des flèches, menacent de tomber sur ceux qui les regardent. Connaissez-vous les alignements de Carnac ? C'est un peu cela, mais en grand. On dirait ici des sacs de blé, debout en tas, là une exposition de carottes énormes. Telles ressemblent à des torses massifs et trapus, comme ceux qu'admirent les amateurs dans les musées lapidaires ; telles à des bébés en maillot, telles à des mannequins d'essayage.

A considérer ces cinq ou six proéminences

qui se dressent à droite, tout en haut, on les prendrait pour des sarcophages antiques. Rien n'y manque pour parfaire l'illusion ; voyez-vous jusqu'à ces rainures circulaires qui figurent la marque des liens avec lesquels on a attaché les bandelettes. Je vois encore des boules, des têtes d'animaux...

Cette masse calcaire, très longue et peu épaisse, qui mesure douze cents mètres de haut et vingt kilomètres de circuit, est toute fendillée, comme une faïence qui aurait éclaté au four; on ne peut pas y trouver une surface lisse, ce ne sont que coupures, interstices et rigoles. Une fente profonde, une vraie déchirure, celle-là, pénétrant jusqu'aux entrailles du roc, qui est devenue un lit de torrent, sillonne en biais la montagne et la partage en deux versants. C'est le jour de la mort de Notre-Seigneur, à trois heures, dit la légende, que le rocher se fendit ainsi.

Et avec quelle variété, avec quel art dans leur désordre sont groupés ces cônes et ces pains de sucre, aux formes fantastiques, qui couvrent la cime et le flanc de la montagne ! Comme ils parlent à l'imagination !

Ces deux rochers jumeaux, tout au bout du côté de Barcelone, qui s'élèvent sur une seule base comme deux arbres sortis d'un même tronc, ne sont-ils pas l'image de Castor et Pollux, les deux frères inséparables, les deux intimes? A l'extrémité opposée, sept obélisques surgissent ensemble, symbole des sept Muses qui va réveiller ce qui couve d'instinct poétique au fond de l'âme des pèlerins.

Et cette pierre isolée, plus haute que les autres, qui s'allonge toute droite? Mais c'est un doigt, un vrai doigt — il en a positivement la forme — qui montre le ciel. Il enseigne l'espérance à ceux qui gravissent la côte, épuisés par la lutte, le cœur gonflé de chagrin, pour s'abîmer aux pieds de « la Vierge des consolations ». Comme ce signe religieux se détache nettement! On dirait qu'il a été placé là par la nature, à dessein, sur une inspiration de la Providence.

Tout le long de la ligne brisée et anguleuse qui couronne la montagne on rencontre de semblables analogies : des réminiscences mythologiques, des emblèmes chrétiens.

Ce groupe de pierres immobiles, grandes et petites, au milieu de l'arête fait penser à une famille, parents et enfants, venue en pèlerinage et qui se repose des fatigues de la route.

Nous montons une heure durant, à une vitesse réglée, une heure qui ne compte pas soixante minutes tant les yeux sont occupés et ravis. Précipices, rocs escarpés, tunnels, oliviers rabougris et contournés, montagnes écorchées, étalant au soleil leurs plaies rouges, cascades en miniature : voilà ce que nous dépassons tour à tour en épousant toutes les courbes de la montagne et retardés à chaque instant par des plis de rocher qu'il faut fouiller jusqu'au fond.

En bas, la plaine toute rouge, d'un rouge un peu pâle, plaine d'argile et d'oxyde de fer : tel un vaste champ de bataille encore teint du sang des victimes ; ou bien, si vous le voulez, des taches de rouille très fraîches.

Elle rappelle aux hommes de prière et d'abnégation qui habitent là-haut, cette couleur, des actes tragiques, monstrueux ou sublimes ; elle leur rappelle aussi qu'ils doivent être prêts, le premiers, à verser leur sang pour Dieu, et elle fait passer sous leurs yeux l'image des martyrs, leurs modèles et leurs protecteurs.

Qui sait ? Pour plusieurs d'entre eux, peut-être, le récit des supplices endurés par les premiers confesseurs, en exaltant leur cœur sensible et généreux, a-t-il déterminé cet appel à une vie d'immolation ?

Et de cette image de la souffrance il n'y a pas loin à celle de la récompense et de la paix puisqu'il suffit aux moines, au sommet de cette montagne qui les en rapproche, de lever les yeux pour trouver le ciel. Là rien ne les distrait de ces deux pensées : la terre pour y mourir, le ciel pour y aimer.

Le monastère s'élève sur le dernier tiers de la montagne au bord du ravin, cette écharpe de deuil que porte le Montserrat en souvenir de la mort du Sauveur. Des bâtiments rectangulaires, très vastes, avec de nombreuses ouvertures, mais sans style, sans cachet, qui ont été construits au commencement du siècle. De l'ancienne abbaye il ne reste qu'une façade perpendiculaire à l'église, ornée d'un élégant cloître gothique, et — j'ai honte de le dire — ce sont les Français, pendant l'invasion en 1811, qui ont pillé le couvent primitif.

Nous déjeunions à l'hôtellerie quand un bruit de fanfare, discret, coupé de silences réguliers, vint frapper nos oreilles. Je cours à la fenêtre. Oh ! l'étrange procession ! Une vingtaine d'*alumni* — scolastiques bénédictins — en soutane et en surplis, deux à deux, s'avancent gravement, avec des pauses fréquentes, jouant qui du violon, qui de la flûte, qui du cornet à piston, qui de la clarinette. Ils suivent la croix, et derrière eux marche un prêtre en chape qui porte une statuette de la Sainte Vierge devant laquelle on se découvre respectueusement.

Un air de musique, la récitation d'une dizaine de chapelet ; encore l'orchestre, encore le rosaire ; le cortège défile, s'arrête, repart, en se rapprochant toujours de l'église. Nous y entrons à sa suite. Une bénédiction solennelle avec la statue de la Vierge et c'est tout ; la procession dominicale qui s'est déroulée tout à l'heure dans l'avenue de l'abbaye est terminée.

L'église, à une seule nef avec des chapelles superposées de chaque côté, est veinée d'or. Au-dessus du maître-autel et un peu en arrière, sous un dais, une vierge de bois noir est assise sur un trône, couronnée d'un diadème et revêtue d'une riche dalmatique blanche, scintillante de diamants : c'est la statue miraculeuse qui attire ici tous les ans plus de quatre-vingt mille pèlerins.

Cette vierge, sculptée par saint Luc, dit la tradition, fut apportée en Espagne par saint Pierre lorsqu'il prêchait l'Evangile. A l'origine, elle fut vénérée à Barcelone dans l'église des saints Just et Pastor. L'évêque Pedro, à l'invasion des Arabes, la mit en lieu sûr, mais il mourut peu de temps après et emporta son secret avec lui.

Or, un samedi de l'an 880, des bergers d'Olesa, rentrant sur le soir, aperçurent une lueur brillante du côté de Montserrat en même temps qu'une étrange harmonie résonnait à leurs oreilles.

Grand émoi dans le pays ! Le phénomène fut

constaté les samedis suivants : toujours une lumière ardente et des voix célestes à la même place sur la montagne. L'ascension était pénible et dangereuse. L'évêque de Manrèse, Gondemar, la tenta pourtant et, parvenu après les plus grandes difficultés au lieu signalé, il trouva dans une grotte la statue de la Vierge.

Elle manifestait clairement le désir de quitter sa retraite et d'être rendue au culte.

Transporté de joie à cette découverte, l'évêque s'empara de la précieuse relique et reprit le chemin de Manrèse. Tout à coup une puissance mystérieuse vint entraver sa marche; force lui fut de s'arrêter. La Vierge ne voulait pas descendre plus bas. Il en confia la garde à un ermite du voisinage qui avait nom Juan Garin et continua seul sa route.

Une chapelle fut élevée en ce lieu pour abriter la statue. Le diable, jaloux de ce nouveau culte, résolut la perte de l'ermite qui en fut le premier ministre. Il s'empara d'abord de la jeune Riquilda, fille du comte de Barcelone, Vifredo le Velu. L'infortunée victime, sous la possession funeste, se tordait dans des convulsions horribles sans que rien ne pût la soulager. Un jour, dans une violente crise, elle demanda, inspirée par Satan, à être conduite auprès du solitaire de Montserrat, dont la réputation de sainteté s'était répandue au loin. On acquiesça à son désir. Juan Garin, pris dans le piège du démon, harcelé par la tentation, y succomba, et, honteux de sa faute, tua la jeune fille. Après l'avoir enterrée, il partit pour Rome, étouffé par le remords, afin d'implorer son pardon.

Le Pape lui remit son péché, mais lui imposa pour pénitence de vivre comme une bête, dans les montagnes témoins de son crime, sans jamais regarder le ciel, courbé sur la terre, marchant à quatre pattes et se nourrissant d'herbes. Son corps se couvrit d'une épaisse couche de poils.

Comme Vifredo et quelques amis chassaient le sanglier dans ces parages, ils rencontrèrent cet étrange animal qu'ils ramenèrent au palais, la chaîne au cou, à titre de curiosité. A quelque temps de là, le comte donnait un grand festin. Les convives s'enquirent de la bête qu'on fit venir. En l'apercevant, un bébé de cinq mois s'agita, poussa de grands cris et l'appela Juan Garin.

Juan Garin avoua tout. Le comte lui pardonna et fit déterrer le corps de Riquilda qu'on trouva vivant. En reconnaissance, il offrit à la Sainte Vierge un somptueux monastère, bâti à ses frais, qui fut la première abbaye de Montserrat.

Aux religieuses bénédictines succédèrent en

976 des Bénédictins. Julien de la Rovère, qui devint plus tard le pape Jules II, fut Père Abbé du monastère.

Voilà, je pense, un récit qui a tous les caractères de la légende ; je le répète tel qu'il m'a été donné.

Notre-Dame de Montserrat eut son époque de gloire, son règne : du XVIe au XVIIe siècle. Elle reçut la visite d'un Pape : Benoît XIII. Tous les souverains tinrent à honneur de lui composer un trésor dont les richesses dépassent les conceptions de l'imagination : argent, or, diamants, pierreries, diadèmes et étoffes précieuses qui redisent les noms d'Isabelle la Catholique, de Ferdinand, de Charles-Quint, de Philippe II, de Juan d'Autriche. — Ignace de Loyola, en 1522, dans toute la ferveur de sa conversion, vint déposer aux pieds de la Vierge sa dague et son épée ; en vrai chevalier, il fit dans le sanctuaire sa veillée d'armes la nuit de Noël.

Plus tard, les glas de la persécution tintèrent lors des invasions et des guerres civiles, mais la Reine du ciel triompha.

Par un chemin caillouteux, rocailleux, impitoyable aux pieds, nous grimpons en une petite demi-heure à la chapelle *San Miguel.* Toute la montagne est émaillée de pèlerinages accessoires, dans le genre de celui-ci, qui offrent un but pieux à une pittoresque promenade : grottes, chapelles, calvaires. Tout près de là s'élève le mirador : un balcon, sur une roche plate, au pied d'une croix; c'est de cette place que la vue s'étend le plus loin.

Le vent siffle à vous rendre fou, — un sifflement qui éclate à une note très haute et fait rage tant qu'il a du souffle; parfois il semble mourir, mais c'est pour se reprendre, pour se gonfler d'air à nouveau et hurler plus fort encore. La croix de fer à laquelle je me cramponne pour ne pas tomber frémit et oscille.

Serait-ce la voix de Satan, cette voix qui a perdu sous ses insinuations perfides et alléchantes le premier ermite, qui, sur cet autre ton, cherche par la terreur à éloigner les pèlerins? J'entends ce vent mugir comme un accompagnement au mystère farouche du site : grosses roches grises et menaçantes, grises comme des nuages de tempête; obélisques en chaos, coupés seulement par quelques troncs d'oliviers et de chênes verts qui crient misère.

Spectacle terrifiant! Pour reposer la vue de ces angles et de ces escarpements, contemplons en bas, tout en bas, au fond d'une vallée profonde, le Llobregat qui roule, avec des ondulations charmantes, ses eaux d'émeraude; et, par delà le fleuve, la plaine immense, avec ses mille ampoules qui ressemblent à des tentes, la plaine rouge toute rouillée. Comme elle est déserte cette plaine ! Trois villages seulement la peuplent, trois villages et trois clochers, et encore il y en a deux qui se touchent, tout au loin, près de cette surface bleu pâle raccordée au ciel, la Méditerranée.

Cinq heures du soir, à la gare, sur le point de partir. Le wagon est rempli d'Espagnols, à la voix vibrante, coiffés du large *sombrero*. Un coup de sifflet déchirant, inattendu dans ce silence, que les montagnes se renvoient et qui tombe un peu partout, morcelé, émietté, comme la charge d'une cartouche. Nouveau coup de sifflet, nouveau frémissement.

Le wagon descend doucement, avec précaution, retenu et poussé en même temps par la machine. Nous croisons deux religieuses qui montent à pied, modestement, le long de la voie. A Monistrol des enfants sont arrêtés devant la barrière, émerveillés par un montreur de chiens savants.

Voici la nuit. L'ombre plane au-dessus de nous, les ailes déployées, comme un oiseau de proie prêt à s'abattre ; elle pèse, on la pressent. Les cloches tintent lentement, pieusement, pour l'angélus du soir. Je me retourne et là haut, sur le rocher, je vois encore la grande pierre toute droite, dominant les autres, celle qui figure un doigt et qui montre le ciel.

Trois heures plus tard nous étions de retour à Barcelone. Après avoir couru de sérieux dangers par la faute d'un cocher maladroit et inexpérimenté, nous atteignons enfin les *ramblas* où se meut, dans une illumination féerique, une mer humaine, toute pailletée, bercée au souffle des éventails. Devant le théâtre du *Liceo* les équipages se succèdent, déversant un flot de beautés, de toilettes ruisselantes, de riches diamants.

De Barcelone à Valence. — Un jour de fête.
23 Avril.

Le Montserrat tout dentelé semble nous accompagner. Déjà nous en sommes loin et nous l'apercevons toujours, avec ses aiguilles, la pointe en l'air, qui lui donnent à cette distance des aspects de la cathédrale de Milan. Les eaux du Llobregat, les mêmes qui ont baigné son pied là-bas ce matin, coulent à côté de nous à présent et nous parlent encore de lui.

Les montagnes se rapprochent. La voie court maintenant encaissée entre des rochers arides, foncés par-ci par-là d'oliviers et de caroubiers qu'animent seuls les torrents franchis à tout instant. D'un côté tombent les murs de cette prison et la mer apparaît, éveillant l'image de la liberté et l'idée de l'infini.

Après Castillon, la terre se peuple d'orangers ; ils surgissent en avant, à droite et à gauche. Nous sommes enveloppés dans une forêt basse et serrée qui nous montre tour à tour, par zones, de délicates fleurs blanches et des fruits dorés, au-dessus desquels l'œil se prend parfois à de jolies villas enguirlandées de fleurs rouges.

Que de monde à toutes les gares ! Non pas des voyageurs, mais des curieux, gens du peuple endimanchés, qui flânent comme sur un promenoir, vont et viennent en se tenant par le bras, font du regard un inventaire rapide des compartiments, en quête de nouveautés, de distractions, et s'arrêtent sans façon quand ils trouvent quelque chose qui les amuse.

— C'est comme cela tous les jours? Ce peuple n'a donc rien à faire qu'il gaspille ainsi le temps ?

J'interrogeais un jeune Espagnol qui partageait notre wagon.

— Non pas; mais aujourd'hui c'est fête chômée dans la province de Valence en l'honneur de saint Vincent Ferrier, son patron, et c'est le but de promenade par excellence, chez nous, d'aller voir passer le train.

Beaucoup de femmes et un peu moins d'hommes. Chez un grand nombre, les paupières rouges et enflées, comme si elles avaient été brûlées, cerclaient leurs yeux. Entre deux stations nous avons fait route avec une famille : le père et ses enfants étaient affligés de ce mal. Une fente étroite découvrait une ligne blanche ou bleu pâle entre les cils, et la prunelle restait voilée par la paupière supérieure. Pour voir quelque chose, il leur fallait lever la tête très haut et la renverser en arrière jusqu'à ce que l'orifice de l'œil se trouvât sur le prolongement horizontal de l'objet visé.

Pourquoi cela ? Parce que, j'imagine, ces grands enfants ne se défient pas des surprises du soleil sous ce climat brûlant.

Les femmes ont généralement la face creuse au-dessous des yeux tandis que le bas de la figure s'accuse avec un fort relief ; elles s'habillent d'étoffes voyantes et vont nu-tête, avec un châle noué en pointe sur la poitrine. Je vois des hommes qui portent des couvertures, les uns en écharpe, les autres en cache-nez : on dirait des poitrinaires armés contre les courants d'air. Plusieurs ont serré sur leur tête un foulard noir dont deux pans flottent par derrière.

A Sagonte, où le train s'arrête quelques minutes, cette foule heureuse et indolente qui remue à peine, comme l'onde par un temps calme, se met tout d'un coup à danser, chacun pour soi, sans ensemble, selon l'inspiration du moment. Des rondes immenses se forment spontanément qui tournent avec entrain, toujours plus étendues, toujours plus rapides, et bientôt accompagnées de chants nasillards auxquels nous ne comprenons rien. Un jeune homme passe auprès d'une jeune fille : leurs bras se rencontrent, et les voilà exécutant en mesure une valse joyeuse. Des femmes se regardent en souriant, se rapprochent, s'éloignent, lèvent les bras, avancent une jambe, se tournent le dos; des hommes prennent la place, le poing sur la hanche, et disparaissent à leur tour.

Le quai de cette gare est un vaste salon de danse, un théâtre avec les voyageurs pour spectateurs.

Et c'est à Sagonte que cela se passe, à Sagonte que je me représentais sinistre et lugubre, avec ces idées préconçues que nous nous faisons souvent, sans motifs, sur une simple impression, des choses inconnues. Les terreurs du siège de Sagonte, les résolutions suprêmes d'un désespoir tragique, le feu et le sang qui rougissent cette page de l'histoire avaient dans mon esprit assombri son nom, et j'imaginais cette ville sous des couleurs effrayantes.

Quelle ironie ! Je ne trouve que visages épanouis et physionomies joyeuses, un peuple occupé à danser, livré à ce gai passe-temps qui fait, quand on l'aime, oublier bien des choses.

VALENCE. — *La fête de saint Vincent Ferrier.*

Dans la cour de la gare un flot de monde.

Oh ! les véhicules bizarres qui attendent les voyageurs ! Des caisses suspendues très haut sur deux ou quatre roues, avec une banquette de chaque côté à l'intérieur, et au-dessus, comme une voûte, une couverture de bois ou de zinc étendue sur des arceaux. Je ne peux mieux les comparer, pour leur forme, qu'à des voitures d'ambulance ; ils me rappellent aussi les chariots des revendeurs qui parcourent chez nous les campagnes, recouverts d'une grande bâche maintenue par plusieurs arceaux de bois.

A deux roues on les nomme *tartanes ;* le cocher est assis dedans, avec ses pratiques, et conduit le cheval à travers une petite fenêtre, qui fait face à la portière.

Après dîner. La ville est d'une animation extraordinaire par cette soirée de fête. Le « Tout Valence » est dehors. Il faut, pour se frayer passage, suivre quelque tartane qui ouvre un sillon dans cette mer humaine. De la *calle de San Fernando* à la *plaza de la Seo* il y a deux courants : le courant montant et le courant descendant, soigneusement séparés et qui évoluent sans interruption, à l'envers l'un de l'autre, comme les deux voies d'une ligne ferrée.

Au fond de la *plaza del Mercado,* parmi des illuminations, s'agitent de petites masses noires : on dirait d'un théâtre à l'usage des héros de Gulliver. Comme il est impossible de fendre la foule, je ne peux pas en voir davantage.

Un peu plus loin, à l'angle de deux rues, se dresse sur le perron d'une église et adossé au portail un petit théâtre gardé par deux agents de police. Des promeneurs se détachent peu à peu de la foule, qui viennent se ranger en ligne, les uns derrière les autres, dans la rue, vis-à-vis la scène. Des femmes, coiffées de la mantille, un éventail à la main, attendent paisiblement en causant ; les hommes fument des cigarettes. Chaque groupe nouveau prend sa place à la file et pas une poussée ne se produit pendant ce stationnement.

Voilà encore une opinion prématurée qu'il me faut réformer : je me figurais les Espagnols bruyants, tapageurs, violents, exaltés, comme les Italiens, et pas du tout, ces gens sont calmes et philosophes ; ils savent attendre et se respectent entre eux.

Les balcons environnants se remplissent peu

à peu, et les miradors aussi. On y voit des dames en grande toilette, des prêtres, des enfants.

Le spectacle était annoncé pour neuf heures, mais à neuf heures et demie la scène est encore vide. Dans ce bienheureux pays on n'est jamais pressé, on a toujours le temps.

Vers dix heures, un orchestre juché sur un échafaudage de bois provisoire, au milieu d'une rue adjacente à l'église, attaque les premières notes d'une symphonie. En même temps apparaissent sur les planches de gentils enfants — huit à douze ans — costumés, qui vont jouer la vie et les miracles de saint Vincent Ferrier. Un petit page, un dominicain en miniature, un embryon de magistrat gesticulent, se démènent, et, mon Dieu ! avec beaucoup d'aisance. Les actes, très courts d'ailleurs, sont coupés par des morceaux de musique. Pendant les intermèdes, on voit tout ce petit monde qui tout à l'heure représentait des miracles et autres choses saintes, à la même place, danser en robe de dominicain, en soutane, en costumes officiels et faire toutes sortes de cabrioles au son de la fanfare, pour reprendre plus tard, dès que l'entr'acte sera fini, leur rôle avec le plus grand sérieux.

Le bon peuple regarde et rit de tout cœur. Chacun s'amuse à cette simplicité, à ce mélange facile de piété et de légèreté, de profane et de sacré.

Nous ne comprenons pas les paroles, mais avec un peu d'attention il est facile de saisir le sens des histoires. Une dizaine de gamins arrivent triomphants, des paniers au bras, des volailles à la main. Ils s'asseyent avec désinvolture et devisent entre eux. Survient un jeune clerc qui prononce un discours; et le premier tableau est fini. — On voit ensuite une mendiante avec son enfant : ils vont mourir de faim et cette femme se plaint amèrement. Dans son désespoir, par une inspiration soudaine, elle fait tomber à genoux son petit pour implorer la Providence. — Troisième tableau : les aumônes pleuvent. Les paysans venus au marché pour vendre leurs provisions ont été bouleversés par la parole de saint Vincent Ferrier et donnent à la pauvresse ce qu'ils ont apporté : un canard, une paire de poulets, des œufs, un sac d'argent...

Sur le parvis des quatre principales églises la même chose se passait. J'ai quitté cette scène pour aller voir celle de la cathédrale. Là, même spectacle et mêmes costumes, toujours des enfants et aussi la musique militaire, sous un kiosque voisin, pour égayer les temps de repos.

Les places des églises et les rues les plus rapprochées avaient absorbé toute la population ; ailleurs on ne rencontrait personne. Le chemin que nous avons suivi pour gagner notre hôtel était désert. Seuls, échelonnés tous les cent mètres environ, se promenaient de long en large deux gardes nocturnes, sous une mante brune assez semblable à une robe de capucin ; ils portaient une lanterne d'une main et de l'autre une longue pique, une sorte de hallebarde. Quelques-uns étaient assis sur le seuil des maisons.

A notre approche un d'eux se lève, nous salue, et, avec une grosse clef, ouvre la grille de la galerie dans laquelle était situé notre hôtel.

On appelle ces étranges personnages *vigilantes* ou *serenos*. Ils font des rondes, chargés d'assurer la sécurité de la ville pendant la nuit et d'ouvrir aux retardataires les grilles des ruelles et les portes des maisons. Les habitants ont coutume, dans certaines villes, lorsqu'ils sortent le soir, de confier au *sereno* du quartier la clef de leur demeure ; celui-ci, à leur retour, ouvre la porte.

Cette équipe de veilleurs est une association libre, une sorte de confrérie charitable, distincte de la police.

Valence. — La cathédrale et les musées. Le Grao. — 24 Avril.

A sept heures du matin la *plaza del Mercado* a encore l'aspect d'une fourmilière, mais un aspect différent de celui d'hier soir. Plus de flâneurs, plus d'éventails qui battent ; on n'y rencontre, à présent, que des gens affairés, vendant ou achetant des denrées, qui se hâtent, qui font du bruit. Des baraques couvrent la place, laissant entre elles de minuscules intervalles pour circuler.

Et la *Lonja de la Seda*, avec sa blanche façade gothique, ses fenêtres à meneaux, les médaillons de sa frise et les couronnes royales qui surmontent les murs crénelés, semble une digue artistique pour contenir cette marée humaine.

En dix minutes j'atteins la cathédrale. C'est le Cid, après sa victoire sur les Maures en 1095, qui restitua cette antique église, convertie en mosquée, au culte catholique.

Elle présente des échantillons de deux styles : roman dans les parties anciennes et gothique dans les constructions plus récentes. Deux portails s'ouvrent sur les transepts : à droite le beau portail roman du Palais qui remonte au XIIIe siècle. Quelle harmonie dans les lignes ! Six arcs concentriques, agrémentés de décorations et bordés chacun par une espèce de bourrelet qui en fait ressortir les ornements : étoiles, dents de scie, colonnade, arceaux, losanges de pierre ; tout cela délicat comme une dentelle, ciselé, dirait-on, par la main d'une fée. — A l'opposé, au transept gauche, le portail des Apôtres, gothique celui-là. Plusieurs d'entre eux n'ont plus de tête ou sont défigurés.

A l'intérieur de l'édifice on voit la chaire de saint Vincent Ferrier du haut de laquelle l'éminent dominicain a évangélisé le peuple ; à un pilier sont accrochés la bride et les éperons du roi don Jaime d'Aragon.

Sur la jolie place *de la Seo*, une fontaine regarde le portail des Apôtres. Selon un vieil usage qui date des Maures, tous les jeudis, s'y tient le tribunal des eaux. Des paysans élus entre eux se réunissent pour répartir les eaux destinées à l'irrigation, et leur décision a force de loi.

De là je me rends au musée des Beaux-Arts où les meilleurs tableaux de l'école valencienne fraternisent avec les représentants des autres écoles. Ces toiles sont signées : Ribera, Ribalta, Espinosa, Lopez, Goya, Borras, Conchilla...

Ribera s'attache aux sujets sévères ; il aime les teintes sombres. Deux ermites sur un rocher, les traits immobiles et durs, une simple peau de bête nouée autour des reins ; pour société, une tête de mort qui gît à leurs pieds. C'est l'ascétisme dans toute son austérité.

Voilà une scène, par exemple, qui captive mon attention en caressant mes yeux : saint Sébastien, le corps couleur de cire, le bras rigide, en plein jour et inondé de lumière. Tout près de lui, discrètement enveloppée d'ombre, une femme se penche qui, avec une délicatesse exquise, avec des précautions infinies, comme si elle avait peur de lui faire mal, apportant à cette besogne tout ce que son sexe a de légèreté dans la main et d'adresse dans le geste, très doucement, presque amoureusement, retire de la plaie sous le bras du saint la flèche meurtrière.

Les mouvements sont commencés, suspendus, jamais achevés et empruntent à cet état intermédiaire, tout idéal, une grâce charmante.

Comme ils expriment avec vérité, ce regard fixe et cet effleurement des doigts, la sûreté et la douceur des soins de la femme ! Quelle finesse dans le toucher ! Quelle condescendance et quelle attention dans les yeux !

Et je pense à la sœur de charité au chevet des moribonds, à la mère courbée sur le berceau de son enfant, à l'épouse qui prodigue à l'époux malade ses tendres soins ; et je me sens pénétré d'une admiration et d'un respect profonds pour cette créature sortie des mains de Dieu qui se définit par deux mots : délicatesse et dévouement.

Si Ribera me voyait à cette heure, il serait satisfait d'avoir atteint, dans son œuvre, la fin de l'art : faire aimer la beauté découverte chez l'être par l'artiste et reproduite par lui-même, avec son propre génie.

Il faut m'arracher, hélas ! à ce tableau dont j'emporte une si vive impression.

J'avise alors les toiles religieuses d'Espinosa. Comme saint Pierre Nolasque, à l'autel, sous ses ornements éclatants qui donnent à l'œil une sensation de lumière et de richesse, est rempli d'onction ! qu'il est touchant à contempler ainsi ! Ce repos de la figure, cette détente des traits, cette bouche demi-close, cet humble regard qui tombe un peu plus loin, ce corps immobile dont les muscles sont relâchés, les nerfs desserrés et qui paraît se maintenir dans cet état par une puissance mystérieuse, comme ils parlent de piété, de mysticisme, de surnaturel !

Une autre expression de sainteté, non moins

impressionnante, est celle de saint François d'Assise enlaçant le Christ, peint par Ribalta.

Le corps penché en avant, les deux bras ouverts, très amples, très vigoureux pour la sublime étreinte, les paupières abaissées, François semble dormir. Pour savourer plus pleinement l'émotion surhumaine que lui cause le contact de la divine effigie, pour n'en rien laisser perdre, il a fermé les yeux, grisé de bien-être, et voici que la vie intérieure, la vie du cœur, isolée de la vie extérieure, redouble chez lui d'intensité. Il n'est plus qu'une âme ; il ne sait même pas s'il y a un corps sous cette robe usée qui étale ses pièces et ses reprises à la lumière.

Soit contraste, soit interprétation du mystère, soit simple ornement, deux anges dans les airs planent au-dessus du saint. L'un, à gauche, porte une couronne de fleurs ; l'autre, à droite, les yeux attachés au ciel et les lèvres suspendues par le ravissement, caresse les cordes d'un violon.

La tête de François, observée à distance, semble appuyée sur le Christ, toucher sa chair sacrée ; à mesure qu'on se rapproche croît le faible intervalle qui les sépare.

Et cela se passe sur un fond sombre parmi le plus parfait recueillement.

J'aperçois vis-à-vis un moine en blanc, création du même Ribalta, mais qui n'a rien d'édifiant, celui-là. Le capuchon rabattu sur la tête, un livre à la main, l'index près de la bouche, perpendiculaire à la ligne des lèvres, il rit, d'un rire félin, malicieux, hypocrite, presque inconvenant. De qui ou de quoi se moque-t-il ainsi, ce moine impoli ? Sa physionomie est bien fine, mais je doute fort de sa vocation.

Quand vous avez été enchanté par un spectacle artistique, par une audition musicale, de même que par la société délicieuse de l'amie idéale, de celle qui incarne toutes les délicatesses et tous les charmes de la femme, le fond de votre être vibre de plaisir, vous êtes divinement troublé, un frisson surhumain vous agite imperceptiblement. Après que l'inspiration ou la présence aimée s'est évanouie, quand c'est fini, on a besoin, pour jouir encore et pour se remettre comme il faut, de s'écouter vivre pendant quelques instants, dans un repos complet de l'esprit, sans pensées, sans souvenirs, sans projets, jusqu'à ce que les dernières vibrations, en mourant, rendent l'équilibre normal à la personne.

Ces minutes qui suivent les heures de bonheur, celles d'une autre vie tombées par hasard ici-bas, il faut les laisser passer en silence, par respect, par reconnaissance aussi pour celles qui les ont précédées. Occuper aussitôt l'esprit d'autre chose serait une profanation à laquelle il se prêterait de mauvais gré, distraitement et sans succès. Après un intervalle, quand il aura fini son travail d'assimilation, soit ; mais pas avant. Attendez pour colorer à nouveau l'imagination que la peinture de tout à l'heure, celle qui est si jolie, soit sèche.

C'était mon cas ; et me voici flânant sans but, sans intentions, dans les jardins coquets de la *Glorieta* et de l'*Alameda*, la parure de la ville, les salons des habitants.

Au bout de quelque temps, un tramway vient à passer avec le nom du *Grao* inscrit sur l'impériale. L'envie me prend d'aller voir ce port, situé à cinq kilomètres de Valence, où se fait un si important trafic.

Je trouve un petit village très simple, assez malpropre, quelque chose comme nos bourgs de Bretagne sur les bords de la Manche. Des camions et des tombereaux vont et viennent, chargés de bois, de charbon, de feuillettes de vin, au milieu de gens affairés qui marchent au pas gymnastique, des papiers sous le bras. On entend des coups de marteau, des chocs, des appels, des cris, des roulements, des bruits de chute : c'est un tumulte indescriptible, le tumulte des ports.

L'anse est jolie avec sa forêt de mâts et sa guirlande de montagnes : à droite, des arêtes dentelées d'une teinte violette ; à gauche, trois rochers baignés de rose émergent de la mer, sur une même ligne, comme trois ricochets des hautes montagnes de la côte. Et des voiles légères à qui le vent fait pencher la tête avec un geste capricieux, plein de coquetterie, voltigent tout autour des grands navires, semblables à des insectes folâtres qui taquinent un animal au repos.

L'ANDALOUSIE

« Dans un de mes songes de poète, il m'a été
« révélé que Dieu, lorsqu'il créa l'Espagne, l'entoura
« de mers, afin qu'elle fût prise comme dans une
« monture de diamants. Dans un élan vigoureux,
« il forma les Asturies, la Galice, la Catalogne et
« l'Aragon. Il ferma un moment les yeux et pen-
« dant ce temps apparurent les deux Castilles ; mais
« quand il les rouvrit en souriant, de ce regard et
« de ce sourire naquit la resplendissante Anda-
« lousie. »

(Salvator RUEDA.)

Rêverie.

Entre toutes les provinces ses sœurs, l'Andalousie est la fille chérie de l'Espagne. Elle a été comblée par le Créateur, comblée par la nature. Jolie, séduisante, pleine de charmes et de promesses, on l'admire et on l'aime.

Ses enfants et ses hôtes ont un culte pour elle, un culte : cet aveu de tout l'être, cet hommage fait d'admiration, de confiance, d'amour et de respect, qu'il s'adresse à Dieu, à un saint, à une idée ou à une personne.

Les poëtes la chantent; les artistes l'interprètent en lui insufflant leur âme mystique ou frivole, mélancolique ou insouciante; les étrangers, pris à ses attraits comme des alouettes au miroir, lui murmurent les paroles de l'enchantement.

Je la compare à un phare tournant dont chaque feu embrase un point sensible de l'homme, de manière à le transfigurer. Elle est une magicienne qui touche à la fois toutes les notes de l'âme humaine.

Quel éclat! quelle harmonie! Toutes les sources de jouissance sont recueillies là, comme dans un trésor, à la disposition de chacun, selon son goût, selon ses préférences. C'est un écrin toujours ouvert des séductions les plus rares; un jardin délicieux où se cueillent les sensations les plus agréables et les impressions les plus raffinées.

Une débauche de lumière diffuse dans l'éclat d'un soleil d'or; la mer bleue qui, tour à tour, soupire et se déchaîne en semant l'effroi; les sierras frileusement enveloppées dans leur mante d'hermine; une floraison prodigieuse de plantes, nuancées de tons ravissants; le parfum délicat de l'oranger; les plus exquis yeux noirs, les plus riches chevelures, les tailles les plus fines et les plus souples, les pieds les plus mignons qu'on puisse voir; « la poétique, la mystérieuse, la voluptueuse mantille » qui voltige partout : voilà l'Andalousie.

Elle accueille le peintre sous les tons chauds et veloutés de Murillo, avec la physionomie débordante de vie de Velasquez ; en présence de l'architecte, elle revêt la dentelle troublante des arabesques ou bien elle s'avance, svelte et rayonnante de distinction, sous les hautes ogives de ses cathédrales. Elle va au-devant du prêtre dans la pompe des cérémonies religieuses, des processions de la Semaine sainte. Tout de suite elle captive le jeune homme par les éclairs des yeux, par la gaieté légère, les pas savants et l'harmonie ravissante des *palillos* et des *seguidillas*, par sa jeunesse et sa fraîcheur tout humides de plaisir. Au gourmet, avec un geste des plus tentants, elle offre une coupe de Xérès ou de Malaga.

Etes-vous triste ? Ecoutez les vieilles chansons du pays, ces chansons venues des Maures, langoureuses, enveloppantes ; votre tristesse y trouvera un accompagnement et vous deviendra chère. Subissez-vous la soif d'émotions violentes, de palpitations, pour ranimer votre âme engourdie ? Suivez les *aficionados* aux fameuses *corridas* qui, sur ce sol brûlant, vous enfièvrent plus qu'en aucun autre lieu.

Quant à ceux qui, l'esprit préoccupé et l'imagination desséchée par le souci des intérêts matériels, passent indifférents à ses charmes, regardent sans voir ou voient sans penser, sans ressentir aucune secousse au contact de cette nature enivrante, l'Andalousie, devenant tout à coup sérieuse, les entretient de la fertilité de ses campagnes, de sa richesse minière, du développement de son industrie. Elle leur parle des mines d'Huelva, des navires de Cadix, des usines de Séville; tant elle est généreuse et inépuisable, la coquette, lorsqu'il s'agit de plaire.

Cordoue. — *Premières impressions: Le* paseo *et les* patios. — *25 Avril.*

Des fleurs et de la verdure : platanes, orangers, marronniers, palmiers, acacias, tilleuls, corbeilles de roses et d'œillets, un vrai parc.

En dix minutes nous atteignons la place du *Gran Capitan,* le *paseo,* le lieu de flânerie : une large avenue, légèrement exhaussée, qui refoule contre les façades des maisons, à droite et à gauche, la contre-allée réservée aux voitures ; en raccourci, les ramblas de Barcelone.

A l'envers de chez nous, en Espagne, le milieu et la plus grande partie des promenades publiques appartiennent aux piétons. A ce peuple de rêve et de vie facile, à ces enfants gâtés qui butinent la vie comme les abeilles butinent les fleurs, qui volent avec des ailes de papillon d'un plaisir à l'autre, l'insouciance au regard, le sourire aux lèvres, l'amour au cœur, il faut l'air, l'espace, le jour, les ornements de la nature et l'éclat du luxe.

Chaque soir, le soleil couché, le calme tombé sur la terre, toutes les senteurs embaumant, on voit dans les villes d'Espagne le *paseo* peu à peu s'animer, ouvrir son calice comme ces fleurs discrètes — les belles-de-nuit par exemple — qui, se fermant aux rayons du jour, ne s'épanouissent derechef que lorsqu'ils ont disparu.

Tout doucement, en flânant, avec une langueur voluptueuse et charmante, avec des ondulations de serpent, les jolies Andalouses vont et viennent, aux côtés de leurs maris, de leurs pères, de leurs *novios ;* — la coutume n'existe pas, ici, de se donner le bras. — On se regarde, on se dit bonjour de la main, à une très grande distance, par-dessus les têtes et à travers les groupes; quelquefois on s'arrête et ce peuple a l'air d'une immense famille, type retrouvé de celles des patriarches, dont tous les membres se connaissent, s'aiment bien, sont heureux de se coudoyer et de se sentir les uns près des autres.

Pas un chapeau sur la tête des femmes. Celles du peuple portent une simple fleur de la saison, piquée dans les cheveux à l'extrémité d'un chignon élevé : une rose blanche ou rouge, deux œillets ; et c'est tout.

Oh ! le gracieux coup d'œil ! C'est nouveau, c'est ravissant, ce parterre suspendu. Quelle variété ! Il n'y a pas deux fleurs semblables et chacune s'harmonise à merveille avec le teint et les mille détails de la figure.

Il y a une espèce de science dans l'adaptation de l'ornement à la personne et cette science, les femmes la possèdent à fond; c'est leur secret. Les hommes, quand ils fleurissent leur boutonnière, ont entre eux dans le choix et le port du gardenia une ressemblance, même une uniformité, qui excluent tout génie. Chez les pimpantes Andalouses, au contraire, on compte autant de places du chignon trouées par le bouquet qu'il y a de têtes fleuries, et autant de nuances différentes.

Les autres femmes — celles de la bourgeoisie et de l'aristocratie — drapent sur la tête — avec quelle grâce! — la coquette mantille de dentelle noire qui fait à leur visage épanoui le cadre le plus élégant. Elle est enjolivée de plis et de festons, chiffonnée par places, fleurie d'une couple de roses thé, et fixée au sommet des cheveux par un peigne à la Carmen.

Dans ces mille manières de draper la mantille se révèle encore l'art inné de la femme pour la toilette, pour ce qui l'embellit.

Et l'éventail, ce dernier trait du costume national, de ce qu'il en reste, du moins, pour dénoncer à l'étranger l'Andalouse? Toutes les femmes ont l'éventail à la main, et sans trêve leurs doigts mignons s'amusent à le tourner et à le retourner, à l'ouvrir et à le fermer, très vite, avec un petit bruit sec, imperceptible, machinalement, distraitement; et cela soixante fois par minute, quand il fait chaud et quand il fait froid, à la maison, dans la rue, à l'église.

Une femme privée de son éventail serait en Espagne beaucoup plus décontenancée encore qu'un homme chez nous sans la canne accoutumée. Que deviendraient alors ces doigts si souples, habitués tout le jour à manier ce jouet, car entre les mains des Andalouses l'éventail devient un véritable jouet qui se plie à tous leurs caprices.

Les fleurs, la mantille, l'éventail : voilà, en pénétrant pour la première fois dans une ville de l'Andalousie, ce qui a surpris mes yeux. Je ne tardai pas à subir un nouveau charme, celui des *patios*.

Toutes les maisons, petites et grandes, demeures des pauvres et des riches, logements d'ouvriers et palais, sont construites sur le même plan. Elles encadrent une cour carrée, formant le centre du bâtiment : le *patio*. Cette cour, qui a le ciel pour plafond et sur laquelle s'ouvrent les principales pièces, est le lieu où, pendant la belle saison, les citadins passent la plus grande partie du jour. Là on travaille, on lit, on reçoit les visites, on rêve dans le demi-sommeil si doux aux populations méridionales.

Aussi rien n'est épargné pour en faire le

séjour le plus délicieux du monde. Des cloitres avec des colonnes de marbre toutes blanches lui prêtent l'ombre de leurs voûtes. Pour rafraîchir l'atmosphère, il y a des vasques de marbre remplies par des jets d'eau et des fontaines.

Et puis le luxe de ce nid ce sont les fleurs, les fleurs qui l'égayent et le parfument ; il y en a à profusion.

Dans les habitations les plus modestes elles poussent tout simplement en terre comme dans un jardin. Les habitations plus confortables, par recherche du bien-être, par raffinement, ont un *patio* dallé de marbre. Les plantes, dans des pots et des vases, sont groupées artistement sur des tréteaux comme pour un reposoir. Au centre de la cour s'élève une pyramide de fleurs, ou bien des colonnes aux quatre coins : jaunes, vertes, bleues, rouges, violettes. Des géraniums voisinent avec des hortensias, des rosiers avec des œillets, des cinéraires avec des scabieuses ; fleurs, boutons, feuillages s'entremêlent. Quelles gammes variées de couleurs !

Les lourdes portes de bois, sur la rue, restent ouvertes tout le jour, et à travers une grille finement ouvragée on admire ces serres en plein air, rendues plus ravissantes, plus séduisantes encore dans ce demi-mystère.

Comme des religieuses qui se cloîtrent afin de préserver leur innocence et leur angélique piété, ces fleurs de choix, pour ne rien perdre de leur pureté et de leur éclat, n'apparaissent aux yeux des profanes que derrière une dentelle de fer.

Qu'il fait bon se promener par les ruelles de la ville, au risque de se meurtrir les pieds sur les galets pointus, entre la double haie de fleurs, toujours plus veloutées, toujours plus parfumées, que forment, en se succédant, les *patios* des maisons alignés de chaque côté! Quel assaut de coquetterie! C'est le plus poétique concours qu'on puisse rêver.

Pour admirer, deux yeux sont trop peu ; les miens pointent à droite puis à gauche, se prenant à ces charmes sans vouloir s'en détacher, et il me faut bien longtemps pour franchir les cinq ou six cents mètres qui séparent seulement l'hôtel de la mosquée.

La Mezquita.

Nous pénétrons dans le *patio de los Naranjos* (cour des Orangers) par la porte du Pardon, voûtée en fer à cheval, à la base d'une tour. Cette tour compte cinq étages, cinq petites tours carrées, posées les unes sur les autres et diminuant de volume à mesure qu'elles s'élèvent, de façon que chacune fait avec la suivante comme une haute marche d'escalier.

A deux heures les étrangers sont admis à visiter la mosquée. Etrange spectacle ! Une forêt de colonnes, mais une véritable forêt ; il y en a exactement huit cent cinquante. Elles sont de jaspe, de porphyre, de marbre vert, et accouplées par deux arcades superposées, des arcades de pierre, rayées sur les voussoirs alternativement blanc et rouge. Basses — dix à douze pieds de haut sur un pied et demi de diamètre — sans stylobate et reposant immédiatement sur le sol dans lequel on les dirait plantées, elles font paraître le temple écrasant et le rendent plus sombre.

A mesure que nous marchons jaillissent, en avant, en arrière, à droite et à gauche, des allées irradiées parmi lesquelles l'œil s'égare, comme il arrive lorsque vous vous promenez sous bois. Les arbres semblent mobiles et prêter chaque fois leur tronc, pour le caprice de l'œil, à l'une des mille lignes que celui-ci aime à tirer de tous les points où il se place. Un vrai jeu que l'essai de toutes ces avenues, sans terme, qui font rêver de l'infini. Quel recueillement aussi dans ce faible jour et quel contraste avec les richesses répandues partout! C'est une futaie enchantée que celle-ci où tous les piliers sont de marbre précieux.

Construite sous Abd-er-Rahman II, au VIIIe siècle, cette mosquée fut affectée au culte catholique après la prise de Cordoue par saint Ferdinand en 1236.

L'édifice intérieur a la forme d'un quadrilatère, divisé en trente-six nefs dans le sens de la largeur et dix-neuf dans le sens de la longueur, les mesures prises en regardant le maître-autel. Le chapitre a défiguré la mosquée en faisant disparaître, vers le centre, pour y élever le chœur et la *Capilla Mayor*, un certain nombre de colonnes.

La partie la plus belle est le lieu sacré de l'antique mosquée, le *mihrab* : une niche octogonale creusée dans l'épaisseur du mur, du côté de la Mecque, vers laquelle les croyants, dans leurs exercices, se tournaient pour prier ;

là était déposé le Coran. La coupole, une coquille à veines faite d'un seul bloc de marbre blanc, s'appuie sur un portique circulaire dont les piliers, en marbre de couleur, sont couronnés par des chapiteaux dorés extrêmement fins. Tous ces ornements sont d'une délicatesse exquise.

La façade de la chapelle n'est pas moins élégante : mosaïques, arabesques, signes cabalistiques, inscriptions du Coran. Elle est évidée au centre selon la courbe d'un arc en fer à cheval dont les deux extrémités convergent sensiblement. Tout autour de cette ouverture court une sorte de galon décoré d'arabesques, qui l'encadre en la faisant ressortir. Entre ces deux arcs concentriques, l'un en creux, l'autre en relief, s'étalent, comme les palettes d'un éventail, dix-neuf bandes de mosaïques : les unes faites de tout petits blocs de marbre — ce sont les plus anciennes — les autres formées simplement avec des morceaux de cristal.

Les trois autres faces extérieures du *mihrab* présentent trois panneaux percés à jour et étagés sur des portiques dentelés.

Après le *mihrab*, ce que j'ai admiré entre les mille détails qui composent ce splendide monument, ce sont les stalles du chœur — XVIIIe siècle — en acajou, très foncées et où il ne reste plus un seul morceau de bois qui n'ait été travaillé, sculpté, poli. Le dossier de chaque stalle est agrémenté de deux médaillons où sont représentés, en haut sur le plus grand, les épisodes du Nouveau, et, en bas, ceux de l'Ancien Testament. Ajoutez, à l'intersection des stalles, des anges dans toutes les positions imaginables, des enfants qui se disputent la place avec des boules, des clochetons...

Les Espagnols ont un talent merveilleux pour sculpter le bois, mais que sont devenus les Maurés qui changeaient la pierre en broderie et en filigrane ?

Nous errions, le soir, dans cet écheveau embrouillé de ruelles à qui on a donné le nom de ville, toujours l'œil captivé par les fleurs, l'esprit noyé de poésie, quand nous rencontrâmes le vice-consul de France qui, avec la plus affable courtoisie, nous offrit ses services et nous donna plusieurs renseignements précieux.

Nous avons parlé ensemble de l'Espagne et de la France. La religion du peuple espagnol, si ostensible pourtant, si bruyante dans ses manifestations, ne lui inspire aucune confiance. A son avis, il n'y a que peu ou point de conviction au fond, rien qu'un attachement invétéré aux cérémonies extérieures, un attrait pour les exercices et les pratiques qui flattent l'imagination, qui satisfont certains caprices du cœur et certains penchants de la nature, une religion cultuelle, tout à la surface, un peu superstitieuse ; comme une religion éclectique qui fait un choix parmi les commandements et dépense à l'observation de ceux-ci le zèle refusé aux autres. C'est vaguement la religion des Italiens : une religion purement sensible à laquelle la volonté n'a point de part, une religion passive.

Le clergé — je parle du bas clergé — car j'ai entendu dire que le haut clergé brillait autant par ses vertus que par sa science, est en général fort ignorant et laisse à désirer sous le rapport de la conduite. Plus d'une fois j'ai vu mon compagnon dans l'impossibilité de se faire comprendre en latin par ses confrères d'Espagne. Insinuons à leur décharge que le latin, peut-être, ne se prononce pas de la même façon en deçà et au delà des monts.

Un mariage à Cordoue. — Départ pour Grenade. Chemins de fer espagnols. — 26 Avril.

En devisant avec le vice-consul de France, hier soir, sur la religion superficielle des Espagnols, je ne comptais pas sur un exemple si prochain de cette vérité.

Le hasard me fit croiser dans la rue, comme je passais, un cortège joyeux qui se rendait à l'église : une noce. Si j'allais voir comment on se marie dans ce pays?

Ce n'était pas un grand mariage; les jeunes filles de noble famille et les riches héritières, en Espagne, se marient chez elles. Les vieux hôtels possèdent tous une chapelle. Il ne s'agissait pas davantage d'une union contractée entre gens du peuple, à en juger par les toilettes et les manières. Une jeune fille de la bourgeoisie, je pense, qui épousait un officier d'infanterie?

Les mariés et les plus proches parents — en tout une vingtaine de personnes — arrivent à l'église. Après une très courte adoration devant le Saint-Sacrement, dans une chapelle latérale, ils s'asseyent en rond sur des bancs et des chaises et parlent à haute voix comme dans un salon, toutes les femmes coiffées de la mantille et l'indispensable éventail à la main.

Chaque fois que la porte s'ouvre pour livrer passage à quelque invité, une jeune fille blonde, âgée de vingt ans environ, la sœur de la mariée, s'avance, le sourire aux lèvres, jusqu'au milieu de la nef pour recevoir les nouveaux arrivants; elle leur serre la main, les remercie d'être venus et les conduit, avec mille prévenances, vers le groupe déjà installé où ceux-ci se mêlent à la conversation.

Quelques jeunes gens, à un certain moment, grimpent à la tribune et essayent sur les orgues des airs qui n'ont rien de mystique.

Sur un signe du prêtre qui apparut dans le chœur, le cortège, lestement formé, s'engouffra dans la sacristie. En m'approchant, qu'est-ce que je distinguai tout d'abord? De petites traînées de fumée bleuâtre qui planaient dans l'air. Devant une table était assis, la cigarette entre les lèvres, un homme qui écrivait: le magistrat.

En Espagne le mariage civil a lieu, comme chez nous, avant le mariage religieux; mais avec cette différence que le fonctionnaire municipal se dérange et vient, soit à la maison, soit à la sacristie de l'église, immédiatement avant la cérémonie religieuse, enregistrer la promesse des époux et lui donner la sanction légale.

Quand les intéressés eurent apposé leurs signatures sur le registre, l'office commença. Les fiancés, entourés de leurs parents et amis, écoutèrent, debout dans le chœur, le prêtre en surplis et en étole qui leur adressait quelques mots. Il y eut dans l'auditoire des pleurs, des sourires, des regards d'intelligence souvent échangés. Les yeux de la petite blonde, qui tout à l'heure souriaient si gentiment, se remplirent de larmes, mais ce ne fut qu'un nuage et bientôt ils retrouvèrent leur sérénité : telle une pluie d'avril vite séchée aux rayons du soleil nouveau.

Le prêtre, après avoir béni les alliances, prit la main du jeune homme et celle de la jeune fille et, les serrant entre le pouce et l'index comme entre les griffes d'une pince, il entraîna les conjoints, lui à reculons, avec trois petites pauses, jusqu'à la chapelle du Saint-Sacrement. Tout en marchant, il récitait des prières sur un livre liturgique.

Ce spectacle m'a beaucoup plus intéressé qu'édifié. Je souhaite le parfait bonheur aux deux jeunes époux que j'ai vus s'unir.

Quelques heures plus tard, sous une pluie fine et serrée, nous partions pour Grenade. Un missionnaire du diocèse de Paris rencontré à l'hôtel, homme de beaucoup d'esprit et plein d'entrain, s'était joint à nous.

Deux cent cinquante kilomètres séparent Cordoue de Grenade, et pour les franchir huit grandes heures sont nécessaires. La lenteur des trains est ici un grave inconvénient pour le touriste. Quel temps perdu qui serait employé si utilement et d'une manière si agréable à voir les curiosités de ce pays pittoresque ! Plus d'une fois il nous est arrivé de marcher en chemin de fer à la vitesse incroyable de vingt kilomètres à l'heure. Les express — il n'y en a que sur les grandes lignes — ne dépassent guère cinquante kilomètres; et encore ne partent-ils que certains jours, deux ou trois fois par semaine.

Contrairement à ce qui m'avait été dit, le matériel des chemins de fer n'est pas mauvais. Les wagons de première classe ressemblent absolument aux nôtres ; il y a même en circulation quelques voitures à couloir.

Mais, détail singulier! les Espagnols voyagent en première ou en troisième classe, très rarement en seconde. Je n'ai pas vu dans les trains où je suis monté plus d'une seule voiture de seconde classe, et encore elle n'était pas pleine ; tandis que dans les trains omnibus les troisièmes, et les premières dans les express se trouvaient au complet, celles-ci occupées en partie par les étrangers.

La campagne, dans cette région, est assez fertile. Les paysans ont l'habitude pour cultiver la terre de se grouper; ils travaillent tous, en ligne ou en rond suivant l'ouvrage, au même morceau du champ et se déplacent tous ensemble comme un bloc. Je doute que cette coutume soit très favorable à l'activité du travail, sous ce climat où toutes les occasions sont bonnes pour gaspiller le temps.

Grenade regorgeait de monde. Les fêtes de la Semaine sainte à Séville, célèbres dans le monde entier, venaient de finir. Le reflux s'opérait, inondant les villes remarquables d'Espagne. Il nous fallut, à neuf heures du soir, frapper à la porte de trois hôtels avant de trouver une chambre. J'admirai l'honnêteté de l'hôtelier. Il ne profita pas de notre embarras pour hausser les prix. Et ce témoignage à la louange de cet homme, je peux l'appliquer, en toute sincérité, à plusieurs de ses compatriotes avec qui j'ai eu affaire.

GRENADE. — *Première sortie. — Deux traits de couleur locale. — 27 Avril.*

Sept heures du matin, sur la *Puerta Real* où est situé notre hôtel. Une immense raie blanche, que dorent en ce moment les premiers rayons du soleil, barre l'horizon au sud : ce sont les cimes neigeuses de la Sierra Nevada. L'air y puise sa fraîcheur, et, le soir venu, le peuple privilégié qu'une maternelle providence a fait naître dans ce pays d'illusions va se promener sur le *paseo*, ondulant comme les flots par une brise légère, et les yeux occupés là-bas sur l'étendue blanche où se célébreront, telles que dans une féerie, les noces sanglantes du soleil et de la montagne.

La Sierra Nevada, toute blanche, fourrée d'hermine, comme elle est engageante ! Oh ! la tentation violente, irrésistible, d'y courir et de fouler son tapis de ouate ! Comme j'aimerais à soulever ce rideau moelleux pour voir ce qu'il y a dessous ! Pourquoi a-t-il fallu que la pluie, l'ennuyeuse, la désespérante pluie, en effaçant l'appât, vint dissiper ce désir et mettre obstacle à son accomplissement ?

Elle est encore, cette crête immaculée, un écran offert à tous les yeux, visible des points les plus opposés de la ville, sur lequel, du matin au soir, le soleil darde des projections lumineuses. Les nuages, quand il ne les efface pas, ne sont point étrangers à son succès ; les teintes et l'éclat varient suivant l'heure.

Théâtre splendide où est représenté le plus magnifique des spectacles : le travail du soleil, de l'astre créé par Dieu pour le symboliser !

De si bon matin la place était déserte, et aussi le *paseo* qui la prolonge. Deux diligences, ruines survivantes d'un autre âge, des omnibus à demi défoncés avec un coupé ouvert à tous les vents fermaient la file interminable de huit ou dix mules, accouplées deux par deux et disparaissant sous les houppes, les pompons, les panaches, les clochettes, les courroies de laine, les colifichets de toutes sortes.

Nous entrâmes dans l'église la plus rapprochée où mes deux compagnons ecclésiastiques célébrèrent la messe. A la sacristie trois abbés se promenaient de long en large, la cigarette à la bouche.

En Espagne, l'usage, je devrais dire l'abus du tabac est chose tellement ancrée dans les mœurs que le clergé, lui-même, n'échappe pas à cette sujétion. Influence du climat, sans doute ? Avez-vous remarqué comme on fume davantage dans les pays chauds ? Influence de l'habitude encore : fumer est devenu un besoin aussi impérieux que manger, que dormir, que marcher. En attendant l'heure de la messe, l'arrivée de leurs pénitentes, en lisant leur bréviaire, les prêtres fument à la sacristie.

Dans la suite nous avons été témoins du même fait si souvent que nous n'y prenions plus garde ; mais ici une affiche apposée au mur : « Il est défendu de fumer sous peine d'amende de deux *pesetas* » et souillée précisément par les vapeurs du tabac faisait sourire.

De là je me rends à la poste. On me donne mon courrier ; mais quand je demande celui de l'abbé Berry, mon compagnon de voyage, l'employé me fait observer qu'il lui est interdit de remettre les lettres à des personnes étrangères. J'allais me retirer. Brusquement il se ravise :

« A votre nom je reconnais que vous êtes un chevalier, Monsieur. Si sur votre honneur de chevalier vous me jurez que Monsieur Berry est bien votre compagnon, je vous confierai sa correspondance. »

La main sur la poitrine, je prête aussitôt serment.

Voilà des mots auxquels en France mon

oreille n'a pas été accoutumée. Je fus touché de la foi de cet homme à l'alliance des deux noblesses : noblesse de race et noblesse d'âme.

Plaise à Dieu que jamais la République, sous le prétexte fallacieux de tout niveler, ne vienne bouleverser les idées de ce peuple et fausser son jugement !

La cathédrale. — Une conversation instructive.

Dans une chapelle contiguë à la cathédrale reposent les rois catholiques Ferdinand et Isabelle, qui ont arraché Grenade en 1492, après un siège opiniâtre de neuf mois, aux mains des infidèles. Cette chapelle gothique présente à l'extérieur, au sud, une façade ogivale d'une rare élégance. La balustrade ajourée, tout en dentelles, qui court au-dessus, relevée de clochetons sculptés, est ravissante.

Deux tombeaux de marbre, en forme de cercueils, s'élèvent sur les cendres royales, au pied du maître-autel : à droite celui de Ferdinand et d'Isabelle, à gauche celui de Philippe le Beau et de Jeanne la Folle. Les couples royaux sont représentés sur chacun d'eux en habits de cour. Un artiste florentin a décoré les panneaux de scènes religieuses encadrées dans des médaillons : le baptême du Christ, la Résurrection, une femme nue avec des petits enfants couchés sur elle symbolisant la Charité. Ajoutez sur le tombeau de Ferdinand et d'Isabelle, aux quatre coins, comme des sentinelles majestueuses, quatre statues des Docteurs de l'Eglise, et puis des blasons portés par des anges qui tantôt sont renversés et tantôt s'envolent. Des guirlandes de feuillage courent en lisière de chaque côté.

La grand'messe chantée par le chapitre pour le repos de l'âme des souverains fut suivie d'une absoute solennelle. Mais ces prières émouvantes, d'une éloquence triste et d'une mélancolie pénétrante, je ne les ai jamais entendu psalmodier avec des voix gutturales et nasillardes comme ici ; cela m'a choqué.

L'église renferme de belles peintures : en premier lieu, la vie de la Sainte Vierge illustrée par Cano sur la muraille de la *Capilla Mayor*. Je m'arrête longtemps devant l'autel de Jésus de Nazareth, un des premiers du bas côté droit, dominé par huit toiles remarquables de Cano et de Ribera.

Comme je passais, un rayon de soleil qui filtrait par la fenêtre opposée est venu frapper en pleine figure la Madeleine de Ribera, un des joyaux de la couronne artistique au front de l'autel. Noyés dans cette débauche de lumière, étincelants de poussière brillante, ses yeux étaient animés, sa bouche prête à s'ouvrir, tandis qu'un ton chaud de vie intense colorait les joues.

Un prêtre de la paroisse nous a fait visiter le trésor. Quelles richesses ! un vrai musée. Au hasard : une petite Vierge de Cano en bois peint ; comme les doigts sont effilés, les ongles fins ! et la courbe du cou est-elle assez ronde, assez gracieuse ! Une Vierge de Léonard de Vinci, avec un joli raccourci de jambe chez l'Enfant Jésus et sur tout son corps une teinte fauve, rousse, comme fondue par le soleil. Une chasuble soie et or, brodée par la reine Isabelle, un ostensoir monumental, un antique ciboire en bois foncé, abandonné après la prohibition du concile de Trente.

Cet abbé s'exprimait assez bien en français. Tout en admirant les merveilles qu'il nous montrait, nous l'interrogions sur les affaires d'Espagne et en particulier sur l'événement récent et tragique, sujet obligé de conversation dicté par la sympathie : la perte de Cuba.

Il me redit textuellement ce que j'avais entendu déjà de la bouche d'Espagnols rencontrés pendant le voyage et qui me fut répété plus d'une fois ensuite. C'est, j'en conclus, l'opinion générale.

— La perte de Cuba est bonne et mauvaise: bonne parce que cette colonie a été trop souvent pour les grands et les fonctionnaires l'occasion d'augmenter ou de faire leur fortune malhonnêtement, tandis qu'aux petits et aux pauvres elle coûtait tant de vies; bonne encore parce que son entretien nous était lourdement à charge; mais mauvaise à cause du procédé par lequel nous avons été dépouillés, procédé qui, en jetant sur nous la honte, nous a profondément humiliés et blessés.

— Mais en somme, lui dis-je, que préférez-vous, d'avoir conservé Cuba ou bien d'être délivrés, par son aliénation, des dangers que vous m'avez signalés ?

Cette fois il répliqua par une comparaison qui ne manque pas d'originalité :

— Si vous possédez des perles, des diamants, cela ne vous rapporte rien, au contraire; mais c'est un honneur, une gloire, et on tient toujours à la gloire. Nous pensons de même pour nos colonies.

A une question que je lui posais sur les rapports de l'Eglise et de l'Etat, il répondit que ces deux sociétés vivaient en parfaite intelligence, mais que la franc-maçonnerie, bien que peu influente en Espagne, faisait tous ses efforts pour rompre l'harmonie existante. Ainsi une loi venait d'être présentée qui supprimait dans les gymnases — les lycées — la chaire religieuse pour la remplacer par une simple conférence. Jeu de mots, réforme illusoire, je le veux bien, mais qui n'accusent pas moins une tendance perfide et inquiétante.

Les Gitanos.

La ville est étranglée entre trois montagnes : le monte Mauror et l'Alhambra au sud, l'Albacyn au nord. C'est celui-ci qui m'occupe.

Figurez-vous une colline nue étalant au soleil un roc escarpé. Pour toute verdure des touffes d'aloès, de plus en plus rares à mesure qu'on s'élève. Les pointes de leurs feuilles qui se dressent en tous sens donnent par places à ce mont l'aspect d'une pelote couverte d'aiguilles ou encore d'un hérisson.

Toute sa surface est trouée, dans le bas principalement, d'orifices béants. Les uns sont dissimulés sous le feuillage protecteur des aloès qui les abrite comme un parasol ; les autres bâillent au grand jour : tels les hublots que présente le flanc d'un navire. Dans ces trous, dans ces antres vit une population excentrique, demi-sauvage, avec ses usages, ses lois, son commerce : une tribu exotique.

Les *Gitanos* — leur nom signifie malicieux — sont d'origine égyptienne. Venus de l'Inde au XVe siècle, ils errent depuis lors sur les chemins de l'Europe, rebelles à la civilisation et vivant de menues industries. Bohémiens, Tziganes, *Gitanos*, sont autant de ramifications de la même famille.

Ces derniers, formés comme toute l'humanité du limon de la terre et appelés à rentrer un jour dans ses entrailles, ne s'en éloignent pas. Craignent-ils que leur corps ne perde le fil de sa destinée? Ils habitent des cavernes creusées dans le rocher et divisées par un rideau en deux parties : au fond, le logement de nuit avec le lit ; en avant, à fleur de terre, celui de jour, la pièce à tout faire. On dirait d'une ville mystérieuse ; il y a des quartiers : celui des vieux *Gitanos* « pur sang », celui des travailleurs qui exercent quelque métier,... celui des *Gitanos*... douteux, qui sont venus faire leur trou dans cette montagne pour exploiter le public étranger.

J'aurais aimé à errer tout seul, à l'aventure, parmi ces étranges demeures, poursuivant le plaisir très raffiné de découvrir moi-même le sens et l'intérêt des nouveautés.

Oh ! que je déteste ces guides importuns qui vous récitent leur leçon apprise par cœur! Des idées toutes faites, impersonnelles, incomplètes: avec cela ils vous masquent, ils vous défigurent tout. C'est au voyageur, pour peu qu'il soit artiste, sensible, épris d'idéal, de revêtir des conceptions de son esprit les choses rares et belles dont il est le témoin, de les nommer, de les mouler avec celle des facultés qui, chez lui, l'emporte, de les photographier à la lumière qui éclaire son âme, de les accorder enfin à son diapason.

Tandis que je montais par les sentiers à peine indiqués, de tous les trous surgissaient, pareils à des diables, d'horribles *Gitanos* et *Gitanas* qui voulaient me faire entrer chez eux ou bien m'escorter. Comme je les aurais volontiers battus!

Bon gré mal gré, pour me débarrasser de tous il fallut en suivre un. Je fus navré de l'entendre parler français. Quel anachronisme! Il me montra une hutte de forgerons où des hommes demi-nus, sous terre toujours, frappaient à tours de bras sur des barres de fer rouge. Je fouillai du regard deux ou trois réduits, tous semblables, et il m'emmena chez lui sous prétexte de voir les fameuses danses gitanes, en même temps l'art et la curiosité de l'endroit. Sur les entrefaites quelques personnes de connaissance me rejoignirent.

Une femme âgée, un vieillard, un jeune homme et deux petites filles étaient là, tous cuivrés, lippus, basanés, aussi bruns que si on leur avait badigeonné la peau avec de l'iode.

D'abord la vieille nous demanda une pièce de vingt sous. En la promenant sur la paume de la main, elle nous disait la bonne aventure... toujours la même chanson : une femme à cette heure pensait à nous avec complaisance et tendresse, celle que nous aimions,... nous étions charitables, généreux, doués d'excellentes qualités...; et quand la kyrielle de choses anciennes et trop connues fut achevée, la pièce, à cette investigation, avait sans doute perdu sa valeur numéraire. Toujours est-il que je ne la revis jamais.

Ce fut le tour de la danse. Le jeune homme prit une guitare sur ses genoux. Une fille de seize ans, aux cheveux huileux, au teint de citron, aux yeux de feu, fit son apparition. Ses grosses lèvres se dilataient dans un sourire sensuel et son nez aux ailes larges et mobiles la faisait ressembler à un sphinx. A ses oreilles pendaient de grands anneaux et un châle de couleur était noué sur sa poitrine.

Quand les cordes de la guitare vibrèrent, elle leva les mains en agitant des castagnettes, se déplaça, se déhancha, s'agenouilla. Un coup bref des petits instruments l'immobilisait pour quelques secondes dans sa pose. Parfois elle chantait ; son buste et ses bras surtout s'agitaient. Cette danse a beaucoup d'analogie avec la danse algérienne, la danse du ventre ; certains gestes, certaines courbures de la taille ne manquaient pas de grâce.

Trois fillettes de huit ans voltigaient autour de la grande, imitant ses mouvements, faisant des bonds, aidant aux tableaux. Il y avait certaine gamine, avec des yeux pétillants, qui apportait à cet exercice une animation, une fureur, d'un présage inquiétant pour l'avenir.

Les vieux auxquels s'étaient joints quelques voisins, assis en rond autour des jeunes acrobates, pour les accompagner, tout simplement. frappaient leurs mains l'une contre l'autre, par séries de trois coups secs qui se répétaient, toujours la même chose, tant que la fille se démenait.

Nous nous sommes retirés après la quatrième danse. Pour moi, j'en avais assez. Etions-nous en présence de véritables *Gitanos ?* Leur teint citrin et l'épaisseur de leurs traits le disaient clairement ; leur science du français et leur connaissance de nos usages semblaient le démentir. Qu'en est-il? Je ne me prononce pas. Dans tous les cas nous avons vu leurs gîtes, joui de leurs passe-temps et saisi quelques particularités de leurs mœurs qui m'ont paru très peu morales.

Avant de redescendre, je me plais à contempler vis-à-vis, par delà le sillon du Darro, la colline sœur, l'Alhambra, avec sa couronne de murailles et ses tours carrées, les unes et les autres de couleur rousse, comme rouillées, qui se font jour à travers les ormes.

L'architecture arabe. — L'Alhambra.
Le Généralife. — 28 Avril.

L'Alhambra est à Grenade ce que l'Acropole est à Athènes, le Dôme à Milan : la grande merveille.

Voilà le style arabe que je ne connaissais pas encore ; il se distingue totalement des autres styles.

Le palais a donné son nom à la colline. Une fois la porte de la ville franchie, on pénètre dans un jardin enchanté, délicieux de fraicheur. Des ormes au feuillage tendre, dans lesquels gazouillent de petits oiseaux qui sautent d'une branche à l'autre, font une immense voûte de verdure. Le long des allées dévalent, dans une rigole pavée de galets, de limpides ruisseaux qui murmurent discrètement.

Oh ! la bienfaisante sensation ! Qu'il fait bon, en quittant les rues brûlantes et les murs chauffés à blanc, trouver de l'autre côté d'une porte, comme en rêve, l'ombre et l'eau dont nous avions perdu tout à fait le souvenir. Plus de soleil, plus de réverbération aveuglante. Comme l'œil se repose et avec lui l'esprit ! Trop tôt à notre gré la voiture atteint le sommet de la côte et nous dépose devant la *puerta de la Justicia*.

Percée dans une tour carrée, cette antique porte est formée de deux ouvertures successives, creusées sur deux faces parallèles de la tour et séparées par son épaisseur ; leur courbe, en haut, reproduit l'arc arabe. On voit sculptées, au-dessus de la première, une main levée vers le ciel, et au-dessus de la seconde une clef. Ces signes sont symboliques : la main conjure le mauvais œil si redouté dans la religion musulmane ; la clef figure le verset du Coran qui commence par ces mots : « Il a ouvert... » et représente le pouvoir que possédait le prophète d'ouvrir les portes du ciel. La légende ajoute : « Grenade ne sera prise que lorsque la main saisira la clef. »

Il paraît qu'elle a menti cette légende; la main et la clef sont restées chacune à leur place et Grenade a été prise.

Le palais arabe, l'Alcazar, est situé sur le plateau à peu de distance de cette porte. Sa forme est celle d'un rectangle qui mesure quatre cents pieds de long sur deux cent cinquante de large.

Il renferme deux cours qui se rencontrent à angle droit et sur lesquelles s'ouvrent, de chaque côté, des salles communiquant entre elles. Ces deux cours s'appellent : le *patio de los Arrayanes* et le *patio de los Leones*, la cour des Myrtes et la cour des Lions.

Au centre de la cour des Myrtes est creusé un grand bassin rectangulaire; une chaussée de marbre en fait le tour et sur les deux bords les plus longs pousse une haie de myrtes soigneusement entretenue. Aux deux extrémités de la cour s'élève une galerie, supportée par six colonnes que relient entre elles des arcs mauresques, et dont les tympans sont percés à jour.

La cour des Lions, rectangulaire aussi, est plus restreinte que la cour des Myrtes. Pour cadre, une haute colonnade, renforcée sur les deux petits côtés, au milieu, d'un portique des plus élégants qui s'avance en relief; en tout cent vingt-huit colonnes, blanches comme la neige, minces et sveltes, admirablement tournées et couronnées de chapiteaux treillissés. Elles alternent ; tantôt il y en a deux, tantôt une seule pour soutenir, à leur intersection, les deux extrémités des arcs voisins. Avec une symétrie savante qui échappe au premier regard, elles sont appareillées de quatre en quatre et de trois en trois.

Les murs, la frise de la galerie, l'entablement, l'intérieur et le rebord des arcs, tout cela est ajouré, comme une guipure.

Oh ! le ravissant coup d'œil ! Que ces colonnes sont donc jolies, harmonieuses dans leurs proportions ! Quel agrément leur prête ce désordre apparent avec lequel elles sont groupées ! Comme elles sont lisses ! Comme l'œil se repose agréablement sur elles devant cet étalage de découpures !

Au centre, une vasque appuyée sur douze animaux de pierre, trapus, ébauchés, semble-t-il, à vigoureux coups de hache par quelque ouvrier en colère. Ce sont douze lions, qui ont baptisé le *patio*. Que font là ces bêtes? Elles contrastent singulièrement dans leur grossièreté, qui ne manque pas de cachet d'ailleurs, avec la finesse et la ténuité du travail ambiant.

Elles sont dépaysées ; on dirait la brutalité égarée parmi la faiblesse et la grâce, à moins qu'elle ne soit là pour les protéger.

Dans toutes les pièces du palais sont répétés, avec une disposition identique, les mêmes ornements. Tel est le secret de l'art arabe de savoir avec les mêmes sujets, très restreints dans leur nombre, sans jamais lasser l'œil, le charmer toujours à force d'élégance et de recherche.

Je ne peux mieux comparer sa puissance merveilleuse qu'à la puissance féminine, puissance magique qui avec cette seule ressource, la grâce, souvent évoquée, jamais parfaitement définie, subjugue et retient l'homme, triomphant de son inconstance.

Je passai la plus grande partie de l'après-midi à l'Alhambra. Toutes ces salles qui se ressemblent par leur décoration, je les vis et je les revis. Eh bien ! chaque fois, le même ravissement me saisissait ; malgré moi, je subissais le charme de tant de délicatesse et d'élégance, et ce fut un vrai chagrin pour moi de m'en éloigner. Combien de fois, en descendant la pente sous les frais ombrages, m'est venue la tentation de remonter là haut, de revoir ce que je possédais par cœur, de contempler encore... toujours !...

Ces salles sont carrées ou rectangulaires.

Elles s'ouvrent sous l'arc arabe, le seul connu dans cette architecture-là ; il enserre dans sa courbe tous les vides : portes et fenêtres. Les murs présentent deux séries superposées d'ornements : en bas, une plinthe très élevée — elle mesure environ le quart de la hauteur totale — en faïence de couleur avec des dessins. Tout le reste est troué, pointillé, dentelé, percé à l'aiguille, croirait-on.

Je ne connais pas pour en donner une idée de comparaison plus juste que celle de Théophile Gautier : « Les truelles à poisson, les broderies de papier frappées à l'emporte-pièce dont les confiseurs couvrent leurs dragées... »

C'est inimaginable ; on chercherait en vain dans la pièce, dans l'édifice tout entier, une portion de surface, si petite soit-elle, qui fût négligée. De haut en bas, de long en large, les murailles disparaissent sous un réseau d'arabesques. Je m'approche ; en détaillant, en fouillant ce lacis inextricable, je distingue des fers à cheval, des fleurs de lis, des pommes de pin, des fuseaux, des rosaces, des feuilles, des étoiles, des coquilles, des rinceaux.

Au lieu de cette large bande de papier que nous appelons « bordure » dans nos salons modernes, il y a ici des raies, toujours fenestrées de la même façon, sur lesquelles on lit des inscriptions du Coran.

L'écriture comme motif de décoration : voilà encore une spécialité de l'architecture arabe. Elle s'y prête du reste à merveille avec ses caractères contournés, ses signes cabalistiques qui rappellent une page de musique. La devise la plus usitée, toujours sous ces jambages mystérieux, la même que crie dans les pays musulmans, avec sa voix de fausset, le *muezzin*, du haut du minaret cinq fois par jour, la devise primordiale à la base du mahométisme, est la suivante : « Il n'y a de Dieu que Dieu et Mahomet est son prophète. » *Allah illah Allah, vé Mohammed! reçoul Allah!* On lit aussi des éloges à la mémoire des sultans et des guerriers.

Et c'est du plâtre, du vulgaire plâtre, et parfois du stuc, dont les Maures se sont rendus maîtres à ce point et qu'ils ont moulés de si jolie façon.

Au travers de leurs mailles, ces rets d'arabesques laissent voir des couches de peinture : du bleu, du rouge, du jaune, de l'or, pâles, très pâles, à demi effacés par la brosse du temps, et très discrets derrière ce treillis. Les mille lignes de la dentelle bordent et divisent ces teintes, et on voit poindre, à y regarder de près, les figures les plus fantastiques : serpents d'azur, petits godets, canaux de sang.

Que d'attentions, que de prévenances! Pour épargner aux yeux le spectacle trop dur des angles droits, les quatre angles des murs disparaissent sous un monceau de stalactites. On ne voit qu'une forêt de petits clochetons à la renverse, — pareils aux glaçons que déposent sur les rochers, en coulant, les ruisseaux et les cascades par les gelées d'hiver. Le plâtre est bosselé, accidenté; il a été labouré comme la terre, remué jusqu'au fond. En haut se dessine un arc dentelé dont chaque côté se prête à un arc latéral, celui-ci aidant à son tour à former le suivant. Ces arcs engendrent des espèces de niches creusées dans le plâtre et y pénétrant plus profondément à mesure qu'elles se ramifient. Et cette génération d'arceaux entame et bouleverse la masse de plâtre qui se transforme en un véritable chaos.

Ces stalactites produisent un effet d'autant plus puissant qu'elles sont les seuls reliefs de l'architecture arabe tout en plans unis. On les trouve encore attachées à la voûte des galeries et des baies; elles ombragent de la façon la plus distinguée les enfilades de salles, en même temps qu'elles servent de cadre à la fine broderie des jambages et des chambranles, mettant une note vigoureuse parmi tant de fragilité.

Rien de coquet comme les plafonds : bois de cèdre incrusté d'ivoire, marqueteries d'une finesse exquise, planchettes rayées de croix entrelacées et de rosaces ou creusées en forme d'auges, lamettes relevées de mosaïques ; tout ceci léger, varié, très soigné.

Salle des Ambassadeurs, salle du Tribunal, salle des Deux Sœurs, *Peinador :* à ces noms je vois briller, comme dans un rêve, toutes les richesses et les splendeurs du palais enchanté.

Est-il vrai que personne ne l'habite plus ? Tant de trésors abandonnés à la curiosité des touristes ! Ils paraissent morts, ces murs taillés pour sourire, et aussi ces piliers qui sont l'image de la grâce. Qui leur rendra l'âme ? Ce décor fait pour le bien-être de tous les sens, berceau doré de l'indolence et de la volupté, semble avoir été oublié de ce côté-ci de la mer à un autre âge.

Comme je sortais, un grand diable, tout noir, tanné, coiffé d'un chapeau de pierrot, accourut vers moi en trois bonds. Il portait une veste courte et une ceinture bariolée, les jambes prises dans des guêtres à longs poils. Une longue baguette, comme un aiguillon de bœufs, à la main, complétait son accoutrement.

« — Le capitaine des *Gitanos.* » Il se présenta en me tendant la main. C'est une autorité, ici, que le chef de cette tribu barbare. Il règne en souverain sur la colline et remplit à la fois l'office de gardien, de *policeman* et de guide ; même il vend des photographies. Il est prudent, m'a-t-on dit, de le ménager. Aussi je lui ai acheté trois fois la valeur son portrait, un peu moins laid, il est vrai, que l'original.

Sur un coteau voisin de l'Alhambra et un peu plus élevé, qui le domine comme un belvédère, les sultans écoulaient leurs loisirs. On le nomme le Généralife. Même luxe, même recherche minutieuse dans l'agencement des détails qu'à l'Alhambra ; tout pour le repos, le rêve et le plaisir. Une mosaïque de fleurs veloutées et odorantes, choisies parmi les plantes les plus rares et enguirlandées de feuillage ; de frais ruisseaux qui serpentent le long des allées ; des haies de buis, des ifs énormes ménagés çà et là comme fond aux couleurs vives de la flore. L'ombre descend des hauts cyprès et, quand elle ne suffit plus, des galeries mauresques merveilleusement ouvragées accueillent, en l'abritant, le fortuné promeneur.

Patios, pavillons, bosquets, plates-bandes, avenues, allées, jets d'eau : quel paradis terrestre !

Et l'incomparable vue dont on jouit de là haut ! Voici l'Alhambra tout rouge, juché sur son nid de verdure ; comme des oisillons qui montrent la tête, on voit émerger du feuillage le sommet des tours et des murailles. Oh ! l'heureuse alliance pour l'œil que celle du rouge et du vert dans ce paysage : le vert tendre des ormes et le rouge foncé de la brique ! Et jusqu'en bas, où roule avec peine le Darro dans son lit pierreux, les arbres tapissent la pente de la montagne.

De l'autre côté du torrent se dresse l'Albacyn, avec ses cent yeux, tous ouverts, autour desquels gravitent de petits points noirs. Quelques touffes d'aloès, accrochées à ses flancs, voilent seules sa nudité.

Entre ces deux collines si disparates, le Darro fait son entrée à Grenade. La ville, avec sa physionomie triste et souffreteuse, son aspect de pauvreté, s'apparente à l'Albacyn. Qui dirait, à la voir ainsi, qu'elle recèle des trésors ?

La Cartuja.

La catholique Espagne ne souffrira pas que l'Eglise soit vaincue dans cet assaut de magnificence. A l'Alhambra nous avons admiré la splendeur profane ; à la Cartuja, un ancien couvent aujourd'hui désert, nous allons admirer la splendeur religieuse.

La chapelle scintille comme le soleil. Elle est même par trop éblouissante pour un lieu saint, un lieu de recueillement. L'or ruisselle parmi la nacre et l'ivoire ; il y a d'excellentes toiles de Cotan et de Bocanegro.

Ce qui m'a le plus frappé, ce sont les commodes de la sacristie : des meubles en acajou, incrustés — avec quelle habileté ! — de nacre, d'ivoire, d'écaille, d'agate, qui engendrent les figures les plus variées. Une petite guirlande d'argent — très ténue — qui courait, en dessinant un rectangle, sur la face de chacun des tiroirs; fit mes délices; il n'est pas possible d'imaginer quelque chose de plus fin, de plus discret, de plus charmant.

Les points blancs, mats et luisants, rouges, roses et verts, sont imperceptibles, savamment groupés et dispersés avec la plus ingénieuse variété. Rien n'est chargé ; l'œil voltige là-dessus comme en jouant.

Une plaque de marbre de la Sierra Nevada, utilisée comme devant d'autel, m'absorbe quelques instants. Toute sa surface est ombrée de taches, de veines qui la font ressembler à une carte de géographie. En les regardant attentivement, ces linéaments reproduisent par endroits certaines formes; ainsi je distingue très nettement un visage de Christ, des arbres, des têtes d'animaux...

Plusieurs fois j'ai observé un phénomène semblable sur des rochers en relief — sur la route du Simplon, par exemple, dans la vallée de la Doveria, le masque en pierre de Napoléon — mais jamais sur une surface plane.

Le paseo. — *Le salon.* — *Les Andalouses.*

Six heures du soir. Après avoir visité toute la journée des monuments, il est temps, je pense, de me reposer. Comme un véritable Espagnol, je vais flâner sur le *paseo*, je vais me laisser vivre.

Quelle place importante occupent dans les villes ces *paseos!* Ils sont le domaine de tous les habitants, leur luxe aussi, car rien n'est épargné pour les rendre plus élégants et plus agréables ; — on les appelle indifféremment *paseos* ou *salons*.

Je vois défiler sous mes yeux, par milliers d'échantillons, ce type andalou si renommé, si vanté. A ce nom est liée une image d'une grâce exquise, d'un charme capiteux ; on ne le prononce jamais, ce mot magique, sans l'accompagner d'un sourire contenu qui est comme un reflet de l'enchantement, comme une fleur de mystère. Toujours on dit: « Les jolies Andalouses, les ravissantes Andalouses. »

A son retour d'Espagne, la première question posée au voyageur n'est-elle pas celle-ci : « Eh bien ! et les Andalouses ? » avec une démangeaison de savoir presque aussi cuisante que lorsqu'il s'agit des femmes turques ; et les yeux interrogent tout emperlés de malice.

Mon Dieu ! il n'y a pas à cela grand préjugé. Je ne trouve pas cette réputation trop surfaite, cependant il faut distinguer.

Les Andalouses sont de taille moyenne, plutôt petites. Leurs têtes disparaissent sous un flot de cheveux très noirs, très souples, ramassés, tordus et échafaudés en un chignon très élevé. Il est difficile de se figurer quelque chose de plus touffu, de plus dense, de plus riche que cette royale chevelure. C'est plaisir de la voir mousser sous le haut peigne à la Carmen, pavillon de la coiffure espagnole. Quelles splendides forêts de cheveux ! On ne sait qu'admirer davantage de leur teinte d'ébène ou de leur chaude épaisseur, également douces l'une et l'autre à l'œil.

Et les yeux! Comment en parler, comment rendre leur éclat par des phrases, par des mots? Deux prunelles de jais, noires, chaudes, éclairées par une physionomie pétillante ; deux phares toujours allumés, deux veilleuses qui flambent. Ils parlent sans trêve, ces yeux ; ils jonglent, avec quelle adresse, avec quelle coquetterie !

Les œillades andalouses ! tous les livres qui traitent de l'Espagne les ont racontées ; elles sont devenues proverbiales. Rien n'a été exagéré dans les récits ; je dirais plutôt que la vérité y est atténuée.

René Bazin les compare très ingénieusement à des épreuves de photographie :

« Les Espagnoles ont une manière de regarder qui n'est pas celle d'une Parisienne... Ici les yeux vous suivent un moment tout ouverts, très noirs, un peu hautains et on a l'impression qu'on est photographié. J'ai surpris beaucoup de ces photographies avec pose, car les jeunes filles étaient nombreuses sous les arcades et les jeunes officiers également. Pour quelques-unes, il faut croire que l'épreuve était mauvaise, car on les a recommencées (1). »

C'était nouveau pour moi et au début je ne pouvais me défendre d'une certaine gêne à cet étrange exercice. De véritables aimants que ces yeux ; ils vont chercher les vôtres, les forcent à s'ouvrir, les attirent, les retiennent. Il faut soutenir les regards, croiser les feux, comme l'ai-

(1) René Bazin (*Terre d'Espagne*).

glon au nid défier la lumière, ou alors quelle honte ! Bien vite l'habitude est prise et cette gymnastique savante et compliquée de l'œil n'est plus, après un quart d'heure, qu'un jeu, l'amusement le plus badin qui se puisse inventer.

Ce peuple vit affranchi des préoccupations, cela se voit : tous les yeux sont libres, grands ouverts, cherchant où se poser, où se faire prendre. Et sitôt qu'ils se rencontrent, deux yeux de femme et deux yeux d'homme, dans la rue, sur le *paseo*, à un balcon, les voilà qui plongent l'un dans l'autre, tout simplement, sans effort, et restent liés ensemble jusqu'à ce que la distance ou un obstacle vienne les séparer ; — se détacher plus tôt eut été malséant. Immédiatement ils se donnent avec le même abandon au premier regard sympathique.

Et c'est toujours la même chose. Cela, la petite fille du peuple, l'ouvrière, la jeune fille *select*, la belle *señora*, à demi couchée sur les coussins de l'équipage, le font de la même façon, tant c'est naturel, tant c'est instinctif. L'honnêteté, le scrupule même, jamais en Espagne n'en furent choqués. N'allez pas croire que cette fantaisie soit l'apanage du demi-monde.

Ces regards croisés qui mêlent leur éclat, comme dans un duel deux épées engagées, sont en Andalousie la vie des yeux. Il leur faut, à ces astres, le mirage, la scintillation ; la lumière qui les brûle a besoin de se projeter, de se communiquer. Qu'adviendrait-il, sans les œillades, de ces jolis yeux ? Ils s'éteindraient, semble-t-il. Ce qu'il y a de particulier, c'est que la lueur en est très douce. Ils brillent, ils flambent, mais sans aveugler, sans éblouir, sans fatiguer ; au contraire, leur rayon détend les paupières, les ouvre, remplit et baigne le cristallin. Telle, la lumière du crépuscule, vive, énergique, pleine cependant, douce au frottement, caressante comme un velours pour la pupille.

Tout le temps de ma promenade, à l'instar des Espagnols et des étrangers initiés à ce passe-temps, je donnai mes yeux et j'en pris d'autres. Les têtes se retournent, se penchent, restant ainsi tant que brille là-bas, dans l'obscurité de la foule compacte, comme une étoile conductrice, le petit point de mire doré.

Je revoyais, par analogie, ma première traversée de nuit et mon regard fixé sur les feux du port. Ceux-ci se résorbèrent bientôt en un point lumineux qui diminua de volume et d'éclat à mesure que s'éloignait le navire jusqu'à ce qu'il se perdit — adieu suprême ! — dans les ténèbres ambiantes.

Ici les yeux chargés d'expression sont le principal organe de communication ; ils parlent pour les lèvres, plus souvent et plus éloquemment.

Ces étranges habitudes révèlent la simplicité des Espagnoles. Pas trace de fierté, de morgue hautaine ; elles sont naturelles avant tout. Témoignez-vous à une femme que vous rencontrez — grande dame ou fille du peuple, peu importe — votre admiration pour sa beauté et ses charmes, loin de se fâcher, elle sera d'autant plus touchée que vous le lui aurez dit plus franchement. Elle vous remerciera, vous inondera de son plus éclatant sourire, et vous poursuivrez chacun votre route sans plus de façons.

Un autre signe de la simplicité espagnole : les domestiques ont avec leurs maîtres des rapports assez familiers.

Les Andalouses sortent peu au milieu du jour, du moins avant l'heure de la promenade ; l'Orient étend jusqu'ici son ombre, vestige de l'époque mauresque, et on voit beaucoup de femmes derrière les vitres ou aux baies des miradors. Ajoutez pour parfaire le séduisant portrait des Andalouses, d'abord une taille de guêpe, si fine et si flexible, si harmonieuse dans ses lignes et si coquette dans ses ondulations, et puis des pieds de poupées.

Les Andalouses ! mais avec cette souplesse et cette légèreté, elles semblent créées pour danser ; d'ailleurs elles s'en acquittent à merveille.

J'aime moins leurs traits, en général peu réguliers, quelquefois empâtés, souvent chiffonnés. Elles font une débauche de poudre de riz ; d'énormes taches, visibles de loin, blanchissent leur figure. Quelle différence avec cette poudre impalpable très légèrement soufflée sur le visage de nos Parisiennes ! En cela, les Andalouses manquent de goût. Cet usage a pour but de préserver leur teint, de dérober aux attaques d'un soleil de feu leur fine peau ; mais il n'en est pas moins vrai que la main qui peint cet écran travaille grossièrement, matériellement, sans aucun art. Impeccables petites femmes, là, je vous prends en défaut !

Et dire que tant d'attraits masquent beaucoup d'ignorance ! On m'avoue ici-même combien l'instruction des femmes est bornée. La pensée tient très peu de place dans leur existence.

« La femme est — ce sont les mots d'un Espagnol — l'enchantement de la vie, un jouet délicieux, un bibelot exquis... Elle est une fleur, une oasis, la fête de la vie, la caresse de l'existence, tout sauf la collaboratrice intellectuelle de l'homme... une créature de passion qui doit accomplir sa révolution dans l'orbite du sentiment et non dans celle de la raison (1). »

Voilà des termes plus poétiques et galants que respectueux : ils prouvent clairement que la femme n'est point prise au sérieux dans ce pays. Elle est même privée de toute indépendance au point de vue économique.

Un trait caractérise encore les Andalouses : l'élégance parfaite de leurs manières, la noblesse naturelle de leurs gestes, la grâce innée de leurs mouvements ; soit qu'elles jouent de l'éventail, soit qu'elles s'enveloppent dans le châle bariolé de Manille, soit qu'elles fleurissent leur coiffure.

Je me souviens d'une petite apprentie rencontrée dans une manufacture de dentelles. Le patron la choisit pour me conduire au magasin situé ailleurs. Elle avait quatorze ans. Ses parents languissaient dans la plus noire misère, et la pauvre enfant, par son teint blême et sa maigreur, disait assez à quelles privations elle était condamnée. Au moment de sortir, je la vis porter la main sur un châle gris pendu à un clou, l'étendre, le plier en deux et se draper dans ses plis.

Ce geste pour se couvrir, calme et posé, le port' digne et majestueux de ce vêtement, tête

(1) Concepcion Gimeno de Flaquer (*Nouvelle Revue Internationale*).

haute et corps droit, la main retenant comme une agrafe les deux pointes de l'étoffe sur la poitrine la faisaient ressembler à une petite reine. Dieu! le joli sujet de tableau! Comme j'aurais voulu être peintre à cette heure pour fixer, dans une pose, tant de distinction souveraine, tant d'esthétique! Et c'est un exemple entre mille que je cite là...

. . . .

La nuit était tombée peu à peu, par degrés, comme pour ne pas effrayer cette société d'oisifs et d'indolents. La Sierra Nevada, tout à l'heure zébrée d'or, venait de s'éteindre. La lune déjà commençait d'argenter la blanche *cappa magna* des montagnes. Et dans la pénombre, dans le silence du soir, toujours les yeux brillaient, les éventails battaient, les fleurs embaumaient, les mantilles répandaient leur mystère. Il fallut la fraîcheur de minuit pour disperser, comme un oiseau de proie qui fond sur un nid, tous ces enfants gâtés, les habitués du *paseo*.

Comme je retournais à l'hôtel, je fus témoin d'un fait piquant. J'avais rejoint un groupe d'étrangers, compagnons de wagon d'hier, qui passaient à Grenade la journée seulement. Pressés par le temps, ceux-ci s'en étaient remis, pour la visite de la ville, à un guide choisi au hasard sur le pavé de la rue : un de ces individus sans profession reconnue, voués aux plus louches besognes, qui fourmillent dans les grandes villes, également prêts à tous les emplois pour une modique somme d'argent. De moralité ils n'en ont aucune.

En passant près de l'église de *Nuestra Señora de Agustinas*, je le vis se découvrir devant une statue de la Sainte Vierge qui brillait, enguirlandée de bougies, dans une niche au-dessus du porche. Aucun calcul d'hypocrisie chez lui ; au naturel et à la brièveté de son geste je compris qu'il était sincère. D'ailleurs le hasard m'a fait retourner la tête à ce moment-là ; lui-même ne vit pas mon regard.

Toute la nuit je méditai sur une pareille conception de la religion, mélange curieux de ferveur et d'immoralité, de présomption insolente et de respect à l'égard de la Divinité. Ma conversation avec le vice-consul deux jours auparavant à Cordoue me revint à la mémoire et encore une fois j'éprouvai la vérité de tout ce qu'il m'avait dit.

Un combat de coqs. — 29 Avril.

Il pleut à verse aujourd'hui. Plus de ciel bleu, plus de ouate à l'horizon ; adieu l'ascension tant souhaitée de la Sierra Nevada ! Si au moins la ville faisait les frais d'une *corrida ?* Mais non, un autre dimanche, dans quinze jours seulement, aura lieu ce spectacle, la réjouissance populaire en Espagne par excellence.

Pour me consoler le gérant de l'hôtel me propose d'assister à un combat de coqs, autre divertissement local très renommé ; celui-ci, par exemple, l'attraction exclusive de la classe inférieure, du monde ouvrier.

Dans l'assistance rien que gens du peuple et étrangers, venus, les uns par passion, les autres par curiosité. Quant à moi, devant ce tableau de couleur locale, j'ai pu démêler, dans la part qu'y prenaient les Espagnols, quelques traits primordiaux de leur nature.

L'emplacement est tout ce qu'il y a de plus primitif, au fond d'une cour, dans une maison d'apparence pauvre. D'abord une salle où a lieu le pesage ; la justice la plus stricte et les précautions les plus minutieuses président à cette lutte, rien n'a été négligé pour la mise en scène. Une volumineuse armoire, avec une quantité de compartiments profonds et étroits, qui imite un meuble de marchand de graines, est la prison des champions ; les tiroirs sont leurs cellules, d'où s'échappent des cris perçants qui traversent le bois et déchirent les oreilles.

Pauvres bêtes ! afin de les rendre plus belliqueuses, plus cruelles, on les grise avec de l'eau-de-vie et puis on les enferme dans ces boîtes obscures.

Pour le pesage, une balance à laquelle sont suspendus, à l'extrémité d'une chaîne, d'un côté l'animal en observation et de l'autre des anneaux d'une livre, de trois onces, de deux onces, destinés à équilibrer l'instrument. L'opération achevée, les coqs ont été accouplés à égalité de poids ; la lutte va commencer.

Nous passons dans une salle circulaire où une série de gradins superposés enferment une petite arène ronde. Du sable par terre et une grille autour. Vis-à-vis la porte, à la place d'honneur, s'assied le président, une balance et un sablier devant lui.

On juge par la solennité des préparatifs du prix que les Espagnols attachent à ce divertissement.

En quelques secondes la salle se remplit; il n'y a que des hommes coiffés du large *sombrero*.

Voici deux coqs lustrés, un noir et un blanc, qu'apporte sous les bras un garçon de service; ils tendent le cou, ils se débattent et hurlent à pleine gorge les notes les plus aiguës. Une seconde fois, en présence du président, on s'assure que leur poids est bien le même; par conséquent leurs chances doivent être égales.

C'est que tous ces gens qui attendent, qui parlent, qui apprécient en deux ou trois regards de connaisseurs la valeur et les qualités de l'animal, tout à l'heure, dans le feu de la bataille, vont parier pour l'une ou l'autre bête, augmentant leur mise à chaque avantage de celle-ci ou de celle-là, les félicitant, les encourageant de leurs cris, et se démenant, se défiant, s'insultant entre eux, dans un tumulte extraordinaire. Oh! la prise du pari sur ce peuple affamé d'émotions!

Les lutteurs ne sont pas suffisamment irrités; comme s'ils n'avaient pas encore assez mal pour être farouches, avant le duel suprême, raffinement de barbarie, on leur lime les ergots et on cautérise la plaie avec du jus de citron.

La grille est ouverte et voilà les deux coqs en présence. Quelques secondes, juste le temps de se remettre, de revenir du premier éblouissement que leur a causé, après plusieurs heures de captivité dans les ténèbres, l'éclat subit du jour... ils crient à s'étrangler en allongeant démesurément le cou, et puis ils bondissent l'un sur l'autre, furieux, terribles, avec un bruit sec d'éventail fermé brusquement qui se répète plusieurs fois.

Les plumes volent en l'air. Ils se mordent au cou, à la tête, s'enlèvent la chair à pleines dents et recherchent leurs yeux du bout de leur bec. Le sang jaillit et pointille de rouge le sable, les barreaux de la grille et les premiers degrés de l'amphithéâtre. La poule blanche a été déchirée à coups de bec ; le sang l'inonde, l'aveugle ; on ne voit plus que des morceaux de chair vive pendants. De guerre lasse, n'en pouvant plus, elle se blottit sous l'aile de l'autre, de la victorieuse, cherchant un peu de repos, d'ombre et de protection.

Il y a de la noblesse chez ces bêtes : lorsque l'infirme demande abri à son ennemie, celle-ci ne trahit point les devoirs de l'hospitalité ; elle ne cherche pas à abuser de son avantage et reste immobile aussi longtemps que dure cette scène.

Le président considère le sablier et si après quatre minutes le blessé ne se ranime pas, le combat est clos et la victoire proclamée. Alors ce sont des exclamations de joie, des interjections d'ironie à l'adresse du clan battu, chez ceux à qui le pari a donné raison.

Cette lutte est pleine d'imprévu. Autant que leur méchanceté la vitalité de ces bêtes m'a frappé. Quelle résistance cachée elles opposent à la mort ! Ce qu'il y a de surprises pour les parieurs ! Jusqu'à la fin, tant que la sentence irrévocable n'a pas été prononcée par le président, l'assistance oscille entre l'espoir et la crainte, toujours ballottée, sans jamais se fixer.

A un certain moment je vis un des deux coqs, tout pantelant, rouler par terre et, après quelques secousses, s'abattre contre la balustrade. On le crut mort. Son rival, lui, avait très peu de mal et, soit mépris, soit pitié, il tournait autour sans le toucher. Trois minutes... trois minutes et demie... les dernières molécules de sable allaient s'égrener dans l'ampoule inférieure de l'appareil... De tous côtés partaient des vociférations pour ranimer la bête affaissée. On entendait haleter les poitrines de ces hommes qui éprouvaient à cette incertitude, à cette angoisse, une véritable jouissance.

Soudain, contre toute attente, la bête se relève, vole sur son ennemie, et d'un coup porté à la nuque, la terrasse.

Avec la rapidité d'un phare la chance avait tourné, et les rôles étaient renversés.

Ces animaux ont des provisions de vie insondables; s'ils pouvaient parler, on apprendrait des choses fort intéressantes sur leur constitution et leur tactique de combat. Ils paraissent exténués, et il leur suffit de reprendre haleine quelques secondes sous l'aile protectrice de leur adversaire, en faisant semblant de mourir, pour revenir à la charge, plus énergiques, plus impétueux qu'auparavant. Leurs forces se réparent instantanément au foyer de vie brûlant qui couve en eux. On sait que la poule dégage une chaleur animale de quarante-trois degrés, température très élevée.

Une autre fois je vis un des champions fuir le long de la grille, se heurter au fer, le frapper impitoyablement avec l'espoir qu'il cédera, pour se dérober au duel. Et la foule de siffler, de huer ce lâche qui continue de courir en rond, plus affolé encore par ce vacarme.

Les Espagnols, je pense, sont disciples de Descartes et croient à l'existence de l'âme chez les bêtes. Ils leur parlent, les félicitent, les supplient, leur recommandent leur cause, avec des mots et des gestes comme s'ils s'adressaient à leurs semblables. Et ne dirait-on pas que les animaux comprennent ce langage? Comme les flots qui s'enflent et s'écrasent sous le souffle du vent, on les voit s'abattre et se ranimer sous le souffle formidable des poitrines humaines.

Cinq parties venaient de se jouer sous mes

yeux, cinq parties acharnées où le sang avait jailli en jets d'eau rouges, éclaboussant tout, où les esprits étaient restés pendant longtemps suspendus, cinq parties fécondes en surprises.

Je ne suis pas Espagnol, moi ; aussi, ma curiosité satisfaite, je dus, pour ne pas laisser venir le dégoût, me retirer et abandonner à la douce rêverie des *paseos* les quelques heures qui allaient clore mon séjour dans cette ville.

MALAGA. — *Paysages.* — *30 Avril.*

De Grenade à Malaga la voie serpente à travers des gorges étrangement sauvages, maculées par endroits de plaques rouges. Tout au fond le Guadalhorce saute de galet en galet. Partis à neuf heures du matin, à deux heures et demie de l'après-midi nous arrivions à destination.

Deux charmantes propriétés, situées à quelques kilomètres de Malaga : la *Concepcion* et *San José*, sont les premières attractions signalées, dès son arrivée, au touriste.

Penchées l'une vers l'autre, comme deux sœurs jumelles, ces propriétés vous accueillent avec un sourire qui captive. La nature, épanouie et parfumée, tout en liesse, vous reçoit parée de ses plus magnifiques joyaux.

Il ne faudrait pas un grand effort d'imagination pour se croire au paradis terrestre. Au bout d'une vallée triste et monotone, bordée de collines sans cachet, où le lit de la Guadalmedina sert de route — peut-on rêver une avenue plus primitive ? — voici surgir une ravissante oasis. Voici, exposée, comme dans un musée, une flore très riche avec une variété prodigieuse de tons : roses, géraniums, araucarias, magnolias, dracénas... abrités, avec la même coquetterie que les têtes andalouses sous la mantille, par des massifs de pins, de palmiers, de figuiers, de fougères, de bambous jaunes, noirs et verts. La verdure protège ces fleurs tour à tour mignonnes et somptueuses, et de limpides cours d'eau qui les baisent au pied, comme à de jolies femmes, leur présentent pour se regarder le poli de leur miroir.

Le feuillage, entremêlant ses nuances foncées et ses nuances claires, légèrement argenté par la lumière du soleil qu'il tamise en passant, nous couvre comme un dais.

Et tout en me promenant, grisé par le charme de cette nature, l'esprit ouvert aux pensées faciles, à celles qui viennent toutes seules, je me reporte à cinq ans en arrière, quand je foulais les parterres féeriques des îles Borromées, par une après-midi comme celle-ci, dans un décor semblable.

Cinq ans déjà ! Mon Dieu ! comme le temps fuit et dans sa course qu'il emporte de biens, qu'il fait envoler d'illusions ! Pourquoi faut-il que même le rapprochement de deux merveilles évoque de tristes pensées ? Partons ; les regrets ici ne sauraient fleurir.

Avant de rentrer je fais un tour sur la *Caleta*, joli boulevard planté d'arbres, émaillé de villas, au bord de la mer. C'est le quartier élégant de la ville, la « promenade des Anglais », le « boulevard de la Croisette » de Malaga. Même la ressemblance s'impose avec Cannes, la nature s'est répétée. Au fond de la baie s'élève, en façon de paravent, une chaîne dentelée et tourmentée, aux crêtes bizarrement découpées, qui figure assez bien l'Esterel.

En ce moment, le soleil qui allait disparaître derrière elle la nimbait d'or et faisait sur l'eau une longue tache rouge.

Des nombreuses voitures qui sillonnent la chaussée une seule attire mon attention. Oh ! elle est bien simple : un coupé massif qui s'en va au trot pesant d'un vieux cheval usé. Pour toute livrée, le cocher porte à sa casquette un galon violet. D'où vient que les promeneurs se découvrent respectueusement devant ce modeste attelage ? La voiture me rattrape ; sur le coussin se détache la silhouette violette d'un prélat, tandis que deux doigts allongés dépassent la portière et envoient à chaque passant qui salue le signe de la croix. C'était l'évêque de Malaga qui, pour se reposer des fatigues de la journée, le soir venu, prenait le frais. Très jeune encore et d'une rare distinction, sa figure parlait par deux yeux noirs où l'intelligence et la bonté se disputaient l'expression ; avec cela, les traits d'un ascète.

Scène touchante d'un pasteur au milieu de ses ouailles, toute parfumée de respect et de charité !

Vin de Malaga. — Arrivée de nuit à Gibraltar.

1er Mai.

Monsieur l'Abbé célèbre la messe à la cathédrale devant une statuette de la Sainte Vierge en bois doré que Ferdinand et Isabelle emportaient avec eux dans leurs expéditions militaires. J'aime beaucoup un tableau de Cerosa pendu au-dessus d'un autel voisin : un ange présente un bouquet à Marie. Celle-ci, les deux mains sur la poitrine, tout enveloppée de bleu, est une fleur d'humilité. A la contempler ainsi cet hommage vient sur les lèvres : « Vous êtes pleine de grâce. »

Avant de partir il nous reste trois heures pour visiter quelqu'une des caves où est conservé le précieux vin qui a illustré le nom de Malaga. Nous donnons notre confiance à la maison Ramos Tellez, la plus considérable de la ville.

Le 1er mai est en Espagne comme en France une date historique et chômée de l'almanach ouvrier. Personne à l'atelier. Un contre-maître, qui se trouvait là par hasard, voulut bien nous guider à travers des tunnels qui ont comme parois d'énormes tonneaux empilés. De grosses marques, en lettres blanches, indiquent sur la panse des fûts l'âge du vin. Les tonneaux sont alignés par rangs d'âge : à mesure qu'ils se désemplissent, on comble le vide avec le contenu du tonneau voisin.

Nous n'avons pas dégusté moins de dix petits verres, alternant le Malaga noir avec le blanc, le doux avec le sec, comparant les années sans souci d'anachronisme, buvant 1860 après 1851 et 1848 après 1898.

Peut-être cette méthode inédite aiderait-elle les enfants à retenir l'histoire ? Les oublieraient-ils aussi vite, les faits remarquables, si chacun était signalé à leur attention par quelques gouttes d'un breuvage contemporain délicieux?

Le vin le plus ancien que nous ayions goûté date de 1796. Il était très capiteux, celui-là, et comme tous les autres d'une saveur exquise, fin, léger, relevé, discrètement parfumé. Il ressemblait à l'horrible mélange fade et pâteux que chez nous on vend pour du Malaga à peu près autant que le vieux et gaillard Bourgogne ressemble à l'âpre liquide servi au peuple dans les auberges.

Honneur au Malaga, la mine d'or de la ville ! Je n'ai pas qualité, moi, pour lui décerner le Grand Prix qu'il vient d'obtenir à l'Exposition, ou même une simple médaille, sinon je l'eusse fait volontiers. Mais je lui ai témoigné mes faveurs par une importante commande.

Neuf heures du soir ; il fait nuit, il pleut, on ne distingue rien. Quelques noms criés dehors : *Roda*, *San Roque*, coïncidant avec l'arrêt du train, m'annoncent que nous sommes à une station ; et ces divisions du trajet, avec lesquelles je calme mon impatience d'arriver à Gibraltar, en s'effaçant l'une après l'autre, me disent que j'en approche.

J'ai pour me distraire un étranger fort aimable, très gai et rempli d'esprit. Sa femme est installée dans un compartiment en tête du train, lui voyage en queue avec nous. Il y a cependant de la place partout, on fume partout aussi. En vain j'essaie de savoir le motif de cette séparation. Pour toute réponse, très courtoise d'ailleurs et éclairée d'un sourire malin, je n'obtiens que cette phrase toujours la même : « Ceci est beaucoup mieux comme cela. » Je supposai, moi, un caprice de sa compagne.

Pauvre homme ! chaque fois que le train stoppait, je le voyais courir, le pardessus au vent, les bras écartés, jusqu'au wagon où se trouvait sa femme. Après s'être assuré qu'elle était en bonne santé, il revenait bien vite, tout essoufflé, au moment où l'employé refermait les portières. Quelquefois il partait avec une tablette de chocolat, un croûton de pain, une orange, une friandise et toujours il rentrait les mains vides.

Avant de nous quitter : « J'aime beaucoup *lei* Français, » nous dit-il avec un accent très prononcé, en mouillant les lettres.

Le train s'arrête à Algeciras, petite localité qui regarde Gibraltar, de l'autre côté de la baie, à trois milles marins à peu près.

L'horizon reste voilé. Le musée de la nature, à cette heure, est fermé ; tout dort. La pluie ne tombe plus, mais elle a imprégné l'atmosphère d'humidité. Une tiédeur moite nous enveloppe comme une vapeur ; il fait chaud et il fait froid en même temps.

Le défilé des passagers qui se rendent du chemin de fer au bateau ressemble sur la berge, dans ces ténèbres et par ce silence oppresseur, à une procession funèbre. On dirait d'une évasion nocturne : un coin désert, point de clartés, des conversations à voix basse, le bateau qui attend, émergeant imperceptible de l'obscurité et vers lequel on se hâte sans faire de bruit, des plaids et des manteaux de voyage donnant à ceux qui les portent des aspects de fantômes.

Les obsèques de Colbert n'ont pas été, j'en suis certain, plus lugubres que cet embarquement.

La sirène tout d'un coup déchira l'air avec un beuglement strident. Oh! l'importune! Pourquoi rompre ce mystère, pourquoi chasser l'illusion dans laquelle il fait si bon vivre, fût-elle une tristesse, parce qu'elle arrache pour un instant l'esprit à la réalité extérieure? De nouveau des cris saccadés, enroués, précipités, qui ressemblent à des appels de détresse. Comme j'aimerais à couper la ficelle que tire un mousse près de la chaudière pour faire cesser tout ce vacarme! C'est horrible à entendre, ce sifflement aigu et perçant, dans le silence solennel.

Un bruit de chaîne; le bateau vire et nous voilà glissant sur l'onde, sans nous voir marcher, sans rien ressentir.

Là-bas, au loin, entre le ciel et l'eau, les ténèbres se criblent de petits points de feu qui clignent dans le brouillard, pâles comme un flambeau derrière une mousseline blanche. Au firmament quelques constellations s'allument dans un médaillon bleu frangé de noir.

Les lueurs entrevues grossissent à mesure que nous avançons et il nous est loisible de mesurer à ce signe la vitesse du bateau. Bientôt la lumière éclaire des maisons parfaitement distinctes ; nous sommes à Gibraltar. Des murailles épaisses, une porte basse et étroite comme un étau, puis une seconde, une ruelle sombre où on étouffe, et nous arrivons à l'hôtel.

Sur le rocher de GIBRALTAR. — 2 *Mai.*

Gibraltar est une des curiosités du monde. Position, figure, histoire, population en font un site singulièrement pittoresque et intéressant. Ce rocher de forme énigmatique est à la fois une défense et un ornement.

Au seuil de l'Europe, il en pare l'entrée, comme ces blocs gigantesques de marbre ou de pierre que vous voyez dressés dans le vestibule des édifices : lions majestueux ou farouches qui gardent l'escalier, sphinx couchés sur le perron, divinités artistiques debout sous le portail; prélude des merveilles qui resplendissent à l'intérieur du palais ou du temple.

Quelle masse formidable! quatre mille cinq cents mètres de long et une largeur qui se développe jusqu'à quatorze cents mètres. Trois bosses ou, si vous le voulez, trois crêtes dont la plus haute, celle du milieu, atteint quatre cent vingt-cinq mètres. Un étalage de pierres à vif et de roches nues; des arêtes tranchantes comme une lame de rasoir, des pentes abruptes et vertigineuses, un chaos à vous donner la chair de poule, des gorges, des ravins : tout cela tailladé, haché, pointu, hérissé ; et sur le crâne chauve de la montagne un soleil de feu darde des rayons qui vous aveuglent en se réfléchissant.

N'est-ce pas là une sentinelle sûre et terrifiante pour protéger l'Europe contre l'envahissement de l'Afrique ?

Considérez ce rocher à distance, enveloppez-le d'un regard d'ensemble, il ne manque pas de cachet et avec un peu d'imagination vous l'aurez vite interprété. Du sphinx il a l'immobilité inquiétante, l'impassibilité fatale. Il semble aussi un taureau couché ; un taureau membré, musclé de toutes les aspérités du roc : la partie postérieure est parfaitement dessinée par la coupe perpendiculaire du rocher au nord et les lignes du dos sont simulées à merveille. Le versant qui dévale en pente douce jusqu'à la mer, avec son profil fuyant, fait penser à une tête d'éléphant appuyée par terre entre deux pattes, et l'extrémité du rocher disparait dans l'eau avec la courbe d'une patte de lion, en figurant une griffe.

Comme le cheval de Troie, ce colosse cache dans ses flancs des engins destructeurs, tout un attirail de guerre. A l'intérieur, c'est un réseau de galeries et de tunnels. De trente en trente mètres environ on a percé dans le roc des ouvertures où sont braqués des canons.

Quel spectacle effrayant ce doit être que ce monstre crachant par ses mille bouches invisibles le feu et la flamme!

A présent nous sommes en paix et le touriste, sous la conduite d'un soldat anglais, dans ce labyrinthe souterrain, contemple par les fentes un splendide panorama : la presqu'île, le terrain neutre qui isole le territoire anglais du territoire espagnol, les sierras, le golfe d'Algeciras, et, de l'autre côté du détroit, les monts du Maroc.

La ville occupe à l'ouest une infime portion du rocher que celui-ci, encore, semble lui abandonner à regret, comme par nécessité. Il la tolère à ses pieds seulement, humble et rampante.

Les maisons entassées sont maintenues par un cordon de remparts crénelés : des maisons basses, qui manquent d'air et de jour, et si étroites que pour les agrandir il a fallu maintes fois creuser le roc auquel elles sont adossées. Une seule rue parallèle à la mer, *Waterport street*, fend la ville dans toute sa longueur, depuis le port jusqu'au jardin de l'Alameda. Les autres voies sont des tronçons de ruelles, des impasses, des marches d'escalier.

Le rare et piquant coup d'œil que celui de

Waterport street! un tableau coloré du plus pur cosmopolitisme. Voilà des soldats anglais : pantalon blanc et veste rouge, casque blanc ou bonnet de police coquettement incliné sur l'oreille. Ils jouent de la badine qu'ils tiennent à la main, l'allure dégagée, l'air épanoui. Ils sont jeunes et fringants. D'autres, avec la même veste rouge, portent une jupe courte, une sorte de fustanelle qui tombe sur de hautes chaussettes.

Comme c'est drôle d'être chez les Anglais à pareille distance de la Grande-Bretagne, et sous ce climat tropical!

De longues Anglaises passent qui échangent entre elles de sèches et dures poignées de main : femmes d'officiers ou de fonctionnaires, voyageuses venues de Londres pour voir cette minuscule colonie. Sur les trottoirs se hâte la foule des touristes, le *Bædecker* sous les yeux, préoccupés d'allier avec la longueur du chapitre le temps à dépenser.

Bon! un fez, un turban, un burnous. Les Orientaux sont très nombreux à Gibraltar et se disputent le commerce avec les Espagnols. Ici l'Europe et l'Afrique se sont donné rendez-vous. A observer la population, à regarder les magasins, à respirer les effluves de l'atmosphère, on vit dans le rêve, dans l'incertitude entre ces deux parties du monde.

Le *comfort* britannique, pour s'implanter, lutte contre la simplicité rustique et vient mal faute d'espace. Le train de maison considérable détonne avec la modestie des façades et l'exiguité des dimensions. Des valets en culotte courte et gants blancs nous servent à l'hôtel dans une salle à manger où j'ai peine à me tenir debout.

Rien de joli comme la route qui conduit à la Pointe d'Europe. Quels contrastes saisissants offre Gibraltar ! En haut, la nudité la plus crue, des brèches, des dents acérées; seuls les singes habitent ces parages. En bas, au contraire, la végétation tropicale dans son épanouissement, une imitation des jardins de Monaco ou d'Isola Bella.

De grandes bâtisses, entourées de parcs, semblent, par leurs proportions hardies et leurs vastes dépendances, venger l'oppression des maisons emprisonnées à l'intérieur des remparts. Ce sont, à proximité des casernes, des établissements pour la garnison, des *homes* pour les officiers, les sous-officiers, les soldats mariés, où ils habitent, ceux-là isolés, ceux-ci par groupes avec leur famille.

Les sports les plus divers animent ce splendide théâtre. A la fine pointe de la presqu'île, sous l'œil d'un canon formidable qui menace, par-dessus le détroit, les montagnes de Ceuta, des soldats en manches de chemise jouent avec entrain au *polo*, comme feraient chez nous des collégiens en récréation.

Oh! la vie saine et hygiénique de ces hommes qui dépensent aux exercices corporels, si attrayants sous le déguisement du jeu, le temps soustrait au travail! Pas une minute d'oisiveté ni de désœuvrement. Tout a été ménagé avec la plus scrupuleuse circonspection, dans ces logements, pour la santé et le développement physique des enfants d'Angleterre.

Nous regagnons la ville par le rivage. Près du port militaire, nous croisons un troupeau de trois cents mulets conduits par des soldats, qu'on allait embarquer pour le Transvaal. Le bateau était à quai et le soir, bêtes et hommes devaient prendre la mer.

Reviendront-ils un jour, ces soldats, ou bien est-ce que la mort les attend au bout de cette longue traversée? Je l'ignore; mais ils partent pour défendre une cause si injuste, si révoltante, que la pitié, à leur vue, ne fait qu'effleurer mon âme; notre pitié, notre sympathie, elles sont acquises au vaillant et admirable petit peuple qu'ils vont combattre là-bas et auquel, de tout cœur, nous souhaitons une éclatante victoire.

De retour en ville, je dirige mes pas là où

m'appelle la musique, vers l'Alameda. L'Alameda est une grande esplanade rectangulaire qui remplit ici, comme la place Saint-Marc à Venise, l'office de promenoir, de salon, puisque dans toute la ville c'est le seul endroit assez spacieux pour un modeste rassemblement.

En haut et en bas, comme pour composer un cadre, des bosquets se succèdent, égayés de fontaines et de jets d'eau et percés de mignonnes allées où verdoyent aloès, cactus, myrtes, oliviers et chênes verts.

Des cyprès et des pins parasols mettent la note sévère dans ce feuillage follet et indécis, et, à cette heure déjà tardive, leur teinte foncée, de loin, se confond avec l'ombre du soir.

Dans l'orchestre, le fifre domine ; on l'entend siffler à toute minute. La pensée scandée par la musique et tout occupée de la contradiction criante entre le symbole de ce climat, de cette végétation et le caractère du peuple qui en jouit, dans ce berceau de feuillage, j'ai vu fuir petit à petit, avec les dernières lueurs du jour, les derniers instants qu'il me restait à passer en Europe avant de visiter une autre partie du continent.

En route pour le Maroc. — *3 Mai.*

Est-ce que je rêve? Bien vrai, nous partons pour une autre partie du monde? Trois heures seulement de traversée et nous serons en Afrique. L'Afrique : mais ce sont ces montagnes que pour un peu j'aurais touché du doigt hier soir à la Pointe d'Europe, ces ombres qui tapissent le fond du détroit.

Personne encore dans les rues de Gibraltar; seulement quelques touristes, comme nous, précédés ou suivis de portefaix, qui vont chercher le bateau. Comme nous passions devant l'Hôtel Royal, deux voyageurs en sortaient : un clergyman en redingote noire, la face rasée, et une toute gracieuse jeune femme en toilette de voyage très simple et de beaucoup de goût.

— Un ministre protestant et sa femme?

Le clergyman salua respectueusement Monsieur l'Abbé.

— Il est très poli, ce ministre, savez-vous, et sa femme est charmante. Nous aurons là, s'ils partent aussi, comme je le pense, pour

Tanger, deux agréables compagnons de route.

Notre bateau émerge d'une forêt de mâts, dans la baie, à cinq cents mètres environ du rivage ; on l'atteint au moyen de petites barques. Il fume et siffle pour appeler les passagers.

Sur le quai, des bateliers se précipitent au-devant de vous avec un flot de paroles, auxquelles vous ne saisissez mot. Ils interpellent dix personnes à la fois et chacune a autant de bateliers qui la sollicitent. On discute, on se fait des concessions, on s'insulte parfois, et l'avantage reste au patron qui fait les prix les plus doux ; les autres s'empressent alors de rabattre leurs exigences.

En un clin d'œil les barques, chargées de touristes et encombrées de colis, les rames à la mer, toutes voiles déployées, courent vers le bateau qui est sous vapeur. Elles luttent de vitesse, ces petites barques ; on dirait, du môle, des frégates en miniature.

Sur le pont, des Américains en grand nombre, deux ou trois Allemands et Autrichiens, et rien que deux Français : mon ami et moi.

Gibraltar, avec ses trois pointes dont la plus haute est la plus rapprochée du continent, semble bouger à mesure que le paquebot se déplace. En l'examinant de profil, cette parole d'une spirituelle voyageuse passant par là il y a un an me revient à la mémoire :

« On dirait un lion couché, apprivoisé, enchaîné aux pieds des Anglais, mais non dompté (1). »

La largeur du détroit varie de treize à quarante-cinq kilomètres. La partie la plus resserrée se trouve entre Tarifa et les Cuchillos de Siris, vers le milieu. Les deux embouchures mesurent : celle de la Méditerranée vingt kilomètres, et celle de l'Océan quarante-cinq.

— Je suis heureux de saluer un prêtre français, Monsieur l'Abbé. Moi, je suis prêtre américain, mais ma famille est d'origine française.

C'était le clergyman de tout à l'heure, celui que j'avais pris pour un ministre protestant, qui abordait en ces termes mon compagnon. La connaissance fut bientôt faite et ces messieurs échangèrent bon nombre d'aperçus sur les œuvres catholiques des deux pays.

Il me restait un doute. Qui donc cette jeune personne qui accompagnait l'abbé à la sortie de l'hôtel? Je la voyais mieux à présent : très mignonne, très sémillante ; une taille de guêpe, — oh! si mince! — des yeux noirs, pétillants, un regard prompt et expressif. Elle allait et

(1) Maria Star (*Impressions d'Espagne*).

venait sur le pont, vive, indépendante, croquant à droite et à gauche, avec un *kodak*, ce qui tombait sous sa vue et se souciait à peu près autant des vagues que moi en ce moment de l'empereur Guillaume.

Cependant chaque lame, en frappant la quille du bateau, le soulevait, le couchait et le redressait en lui communiquant un mouvement symétrique de droite à gauche puis de gauche à droite qui, en la ralentissant, scandait sa marche. Le pont se vidait. Des figures jaunes, presque vertes, les unes après les autres, discrètement s'éclipsaient.

— Cette personne si pleine d'entrain qui fait de la photographie en face de nous, c'est une Américaine bien sûr?

Je demandais cela au prêtre américain.

— Oui, une jeune fille de New-York qui voyage avec sa mère (et il me désigna du doigt une dame assise dans un groupe près du salon). J'ai fait avec elles la traversée de New-York à Gibraltar. Ce matin, la mère qui allait en voiture au port avec une autre personne me confia sa fille.

Je lui contai alors ma double méprise sur son identité à lui et sur celle de la jeune fille, et comme j'ajoutais quelques mots gracieux à l'égard de celle-ci :

— Alors, s'écria-t-il, vous trouviez comme

cela mon sort enviable d'être le mari de Mademoiselle ?

Nous avons ri beaucoup de cet incident tous les deux. Le mal de mer y mit fin pour lui. Quant à moi, je pus m'en préserver par une immobilité complète et un assoupissement voisin du sommeil.

Une grande tache de craie, éblouissante sous le soleil, et à gauche une faucille dorée, très longue et très large, un croissant géant dont les deux extrémités nous regardent.

Ce croissant, tracé par la nature sur le seuil de l'Afrique, est symbolique. Je reconnais le signe de Mahomet ; il nous avertit de notre entrée dans le pays musulman.

Le bateau avance toujours avec mille caprices. La vue devient plus nette. La tache blanche revêt certaines formes, les contours s'accusent ; on distingue déjà des maisons, des toits plats, un minaret. Le nom de Tanger vole sur toutes les bouches et les lorgnettes sortent des étuis. Quant au croissant d'or, à mesure que nous en approchons, il se dégage de l'illusion, et bientôt apparaît une immense plage de sable très profonde sur laquelle des Arabes, des ânes, des chameaux défilent à pas lents, au retour du marché.

Le paquebot stoppe au large, aussitôt cerné par une nuée de barques. Les unes amènent les passagers qui vont prendre notre place, d'autres arrivent chargées de bestiaux, quelques-unes accourent à vide. De toutes s'élèvent des cris rauques, des cris de bêtes fauves que poussent, en se frappant, des Arabes farouches.

Soudain le pont est envahi par des hommes en burnous de laine blanche, coiffés de fez et de turbans, les jambes nues, qui bouleversent tout. Ils pénètrent dans le salon et les cabines, ils vous heurtent à vous jeter par terre sans crier gare, ils s'embarrassent les uns les autres et enlèvent, comme une plume, sur leurs larges épaules, les bagages les plus lourds. Ils courent tous nu-pieds, les poings en l'air. Oh! les horribles gens! Sont-ils laids, sont-ils sales!

L'un d'eux saisit nos valises et les emporte au petit trot, dans le désordre du départ et de l'arrivée, sur une des barques qui attendent en bas. Un Arabe à mine rébarbative, un vrai cerbère, la rame à la main, semble nous faire une grâce en nous accueillant sur ses planches. Enfin nous partons.

A l'avant du navire, des bœufs sont hissés deux à deux au moyen d'une grue. On voit ces pauvres bêtes suspendues par les cornes, battant l'air avec fureur des quatre pattes, monter rapidement au rythme de la chaîne qui s'enroule,... planer une seconde au-dessus du vide, et descendre plus vite encore au fond du bateau, tandis que la chaîne se déroule avec un grincement précipité. Aussitôt les bœufs détachés, en moins de temps qu'il ne faut pour le dire, la chaîne s'élève et s'abaisse pour chercher deux nouvelles victimes.

Cette opération s'est renouvelée bien des fois, car, de la jetée où nous abordions dix minutes plus tard, nous voyions encore la même ascension et les bêtes qui se débattaient toujours.

Une ville curieuse : TANGER. — *La rue. Le marché. — Scènes locales.*

Etrange ville que Tanger, formée de trois quartiers bien distincts : la ville arabe — la *Kasba* — la ville juive et la ville européenne, celle-ci la banlieue plutôt que la cité.

Une seule rue relie le port à la place où se tient le marché, le *Grand Zocco.* Elle borne à droite la *Kasba*, échelonnée sur la montagne avec ses remparts, ses toits en terrasse, ses murs tout blancs ou légèrement teintés de bleu ; — à gauche la ville juive, la ville commerçante. De l'autre côté du *Grand Zocco*, au faîte de la colline, s'élèvent les ambassades, les villas, les maisons de plaisance.

Et cela ramassé, très serré ; en deux heures vous avez tout vu. Mais c'est la ville du mystère, sans trêve l'intérêt est éveillé, la curiosité exaspérée.

A Tanger on ignore l'usage des voitures. Un véhicule à deux roues, d'ailleurs, ne pourrait pas s'y mouvoir. Je fais exception pour la rue centrale; mais là encore, si une voiture peut passer, deux ne se croiseraient pas. On circule à cheval ou à âne.

C'est un coup d'œil pittoresque et nouveau que celui des étrangers qui cheminent, isolés ou en caravane, par les rues sinueuses et rapides, le long des maisons, bercés au pas monotone de leur monture.

D'élégants cavaliers vont et viennent à une allure rapide. Seuls marchent les hommes du peuple, les Arabes; ils suivent le petit âne, chargé du fardeau de la journée qui fait saillie de chaque côté, à moins qu'ils ne fléchissent eux-mêmes sous une charge énorme, comme de véritables bêtes de somme.

Bon! voilà un chameau qui étend ses longues jambes en dandinant la tête. A tout moment on est heurté; il faut se déranger soixante fois par minute. Vous n'entendez que les cris : *sir-fhalek*, *ballek* (prenez garde, attention!) Quel encombrement dans la rue! Les gens sont affairés; on sent la vie agitée, fiévreuse du commerce : point de galanterie, point de politesse, aucun égard, des manières brusques.

Je m'acheminai vers le *Grand Zocco*, une vaste place triangulaire à mi-côte, sur le versant de la colline. Trois allées se déploient en éventail sur le sol gris. C'était jeudi, jour de grand marché; la retraite commençait.

Quel spectacle! D'abord je ne vois rien qu'une masse blanchâtre, indécise, faite de tous les lainages flottants dont s'habillent les indigènes. Revenu de mon étonnement, je pénètre au cœur de cette foule. Hommes et femmes, misérablement enveloppés dans des couvertures de laine blanches ou jaunes, rapiécées, en loques, d'où sortent un bras, une épaule,... étaient accroupis par terre, dans la boue, dans l'ordure, parmi les chameaux, les ânes, les vaches, pêle-mêle avec les bêtes et les denrées. Ils avaient tous les jambes nues et traînaient aux pieds des sandales jaunes éculées.

A les voir ainsi posés, on les croirait enfouis dans des sacs à trois trous qui laissent passer la tête et les deux bras. Ils sont en file, en groupes, debout, assis, couchés; les femmes arabes ont un linge chiffonné sur la figure.

De tout petits tas d'herbe, de bois, de charbon, alignés devant moi, attirent mon attention; ils sont à vendre. Avec les trois réunis, je pourrais bien me chauffer pendant un quart d'heure d'hiver.

Des femmes passent courbées en deux, chargées comme des bêtes. J'en suis révolté. Des hommes les suivent qui portent sur le dos des caisses, des malles, des fagots... Mon Dieu! comme ces Arabes me répugnent! et cependant ils me font pitié. Leurs visages n'ont plus rien d'humain. Il y a dans leurs traits une contraction horrible et la physionomie est farouche. C'est le regard de la bête sauvage : dur, méchant, insensible, féroce. Oh! ces yeux d'esclaves, rivés à la terre, dénués de sentiment, ils me font mal! Je crains que ces hommes n'aient plus d'âme. Toujours maltraités, opprimés, ravalés aux plus dégradantes besognes, ils sont identifiés à l'animal.

Funeste conséquence de l'esclavage! Et je me sens au cœur, en cet instant, une très chaude sympathie pour l'œuvre sublime du cardinal Lavigerie.

Un autre costume se détache sur ce fond blanc : de grandes robes et des calottes noires, l'uniforme des Juifs. Les Arabes qui les ont en horreur leur interdisent de porter le fez et le turban pour éviter la confusion.

Dans tous les coins du marché, des acrobates. Un vilain nègre qui fait de grands sauts en frappant sur une peau de tambour vient à moi d'un bond et me tend la main avec une affreuse grimace ; je peux compter toutes ses dents entre ses lèvres charnues. Je me sauve en lui jetant deux sous espagnols.

De grands diables, tout noirs, les cheveux crépus, à peine couverts d'une peau de bête, courent sur la place en agitant des clochettes qui font un vrai carillon : des vendeurs d'eau.

Ils portent en bandoulière une outre gonflée à éclater et mesurent soigneusement dans des sébilles le précieux liquide qu'ils versent à leurs clients.

C'est que l'eau potable est rare à Tanger. On la trouve au fond d'un puits près de la plage, et je ne connais rien de curieux comme le spectacle de ces nègres, en rond autour de la margelle, qui puisent dans des seaux attachés au bout de longues cordes l'eau dont ils remplissent leurs *guerbas.* Il y a deux ou trois seaux pour vingt nègres. Ce qu'il se donne de coups de corde, ce qu'il s'échange d'injures !

Je continue mon exploration du *Souk*, du grand marché. Voilà des tentes, mais quelles tentes! des morceaux de toile usés, tant bien que mal rajustés, et fixés à des pieux. En les passant en revue, j'aperçois dans celle-ci un savetier qui lime et recoud des semelles, dans celle-là un Arabe assis qui en tond un autre, ailleurs des hommes qui dorment prosaïquement.

Je passai la fin du jour à errer sans but, pour le simple plaisir de voir, dans ce labyrinthe de ruelles et d'impasses qui seraient plus justement nommées des couloirs, — à monter et à descendre des marches d'escaliers, — à me tordre les pieds sur des galets pointus, — à regarder glisser mon ombre sur les façades blanches et bleu ciel, glanant çà et là des particularités de mœurs, des détails de couleur locale, m'abandonnant au hasard, aux mille surprises, toutes charmantes, de l'imprévu.

Le jour férié des Musulmans. — La veille du sabbat. — 4 Mai, vendredi.

Sous les auspices de M. B***, qui répondit avec le plus courtois empressement à la gracieuse lettre de recommandation dont j'étais le porteur, nous visitons la ville arabe, la *Kasba*. C'est une véritable ascension ; la *Kasba* est juchée sur la colline. Toujours nous croisons des Arabes en burnous blanc et des femmes voilées.

Par une porte ouverte nous voyons, accroupis sur des nattes, une quinzaine de bambins qui répètent, d'une voix monotone, les versets du Coran que leur apprend un personnage en turban assis devant eux. Celui-ci oscille perpétuellement comme le balancier d'une pendule ; on dirait que ce mouvement lui facilite sa tâche.

Un affreux nègre, à la peau tannée, une guitare à la main, s'assied sur le seuil d'une maison et, par le trou de la serrure, chante des choses que nous ne comprenons pas. « C'est un mendiant, me dit M. B***; il envoie des bénédictions à travers la porte aux familles arabes. »

Les malheureux, dans la religion de Mahomet, jouissent de certaines prérogatives. Des formules sacrées, sur leurs lèvres, portent bonheur à ceux à qui elles s'adressent. Il va sans dire qu'un si grand bienfait se paie, et le mendiant ne s'en va jamais les mains vides ou alors ces doux souhaits pourraient bien devenir des malédictions.

Quels sont ces Arabes avec la tête entièrement rasée à l'exception d'un paquet de cheveux au sommet, comme une petite pelote qui pend sur le côté? Ce sont les Arabes de la tribu des *Rufins*, ceux qui se sont battus avec les Espagnols. On les reconnaît à cette coiffure bizarre.

Nous sommes arrivés à la porte des prisons. Oh! les abominables geôles! On les entrevoit par un guichet pratiqué dans le mur du vestibule. Des hommes de tout âge, les pieds enchaînés, grouillent dans un infect réduit : une écurie plutôt qu'une salle pénitentiaire. Une odeur nauséabonde émane de cette pourriture.

Le temps de jeter un coup d'œil et bien vite

je me sauve, sans écouter les supplications de ces infortunés qui m'apportent au guichet des paniers de toute forme, le travail des loisirs dont le gain est destiné à améliorer un peu leur sort. Je donne pour eux quelque chose au gardien et je m'enfuis.

On m'a désigné un de ces prisonniers, jeune encore, qui est là depuis dix ans, coupable de plusieurs assassinats.

Les prisons avoisinent le palais du pacha. Sous un portique, plusieurs Arabes, le front ceint du turban, se regardent comme des augurés.

A la blancheur inaccoutumée de leurs burnous, à leurs traits pleins de noblesse, je reconnais des personnages de distinction. Le pacha est là, paraît-il, entouré de ses dignitaires; il nous accorde la permission de visiter le palais: une réduction de l'Alcazar. Je retouve l'arc en fer à cheval, les plinthes en faïence, les arabesques et les plafonds incrustés, les mêmes que j'ai admirés à Grenade.

Le guide nous devance et frappe dans ses mains pour mettre en fuite les femmes qui pourraient se trouver sur notre passage.

La plus belle pièce est une cour carrée, dallée de marbre et percée d'alcoves; les faïences y sont particulièrement brillantes et les arabesques d'une finesse inouïe. L'Arabe qui se promenait dans cette cour, homme d'une prestance superbe, fut intrigué par la soutane de mon ami. Il interrogea le guide en nous regardant du coin de l'œil et quand il sut que son hôte était un prêtre français, il lui témoigna beaucoup de considération.

Le pacha de Tanger est un fonctionnaire, une sorte de gouverneur. Le Maroc est administré par le sultan qui réside à Maroqui et exerce le pouvoir le plus absolu.

De la *Kasba*, nous descendons à Tanger moderne, au quartier des villas, de l'autre côté du *Souk*. La vue est splendide. La mer ressemble aujourd'hui à une nappe d'huile, de couleur indécise entre le bleu et le gris, nacrée par places. Dans le lointain un bateau, reconnaissable à sa mèche de fumée, arrive de Cadix. A gauche, se déroule la côte d'Espagne : Trafalgar, de fâcheuse mémoire, Tarifa et là-bas Gibraltar qui émerge ; à droite, la chaîne du Maroc commandée par la haute montagne des Singes. Les singes y courent en liberté et figurent parmi le gibier de ce pays.

A Tanger la chasse est la grande distraction ; tout le monde parle ici des fameuses chasses au sanglier, des chasses à la lance.

Derrière nous, le plateau et les monticules qui l'accidentent, couverts d'aloès. Toute la colline est mouchetée de petits points gris, tantôt isolés, tantôt rassemblés. Ce sont des femmes turques venues en pèlerinage à la tombe des leurs, comme elles le font chaque vendredi, jour de fête des musulmans.

Les Arabes sont enterrés le long des routes, dans les champs, parmi les cactus et les aloès, et partout où se trouve un mort, on voit une ou plusieurs femmes assises en silence, statues vivantes du regret et de la fidélité. Elles passent là des heures et des heures, sans bouger, sans rien dire.

Rêvent-elles, prient-elles? Je crois que leur présence, à cette place funèbre, tient lieu de tout. Elles se rapprochent, par attachement ou par devoir, de ceux qui ne sont plus et cela leur suffit. Toute la journée se croisent des groupes silencieux d'ombres qui vont et viennent.

Comme nous redescendions vers la cité, un étrange cortège défilait au pas gymnastique sur le *Grand Zocco* : un homme avec une bêche, deux joueurs de flûte, quatre Arabes portant une bière sur leurs épaules et quelques personnes à la suite.

Les musulmans croient que le défunt ne peut être heureux qu'après avoir été rendu à la terre d'où il est sorti; aussi ont-ils hâte de l'ensevelir, et les funérailles se font toujours en courant.

Un Arabe, habillé de vert et armé d'une lance, nous jette en passant un mauvais regard. Ses insignes sont ceux de la famille de Mahomet : c'est un descendant du prophète.

L'après-midi je parcours la ville juive. On se prépare à célébrer demain le sabbat. Toutes les portes sont ouvertes et l'eau coule à flots, qui lave les corridors et les chambres ; des femmes, les manches retroussées jusqu'au coude, épongent à genoux les dalles. Je rencontre peu de monde : toujours le mystère oriental. Il faut, pour voir quelque chose, percer les surfaces. Derrière les fenêtres, il y a de jolis yeux qui veillent et on aperçoit par une porte entrebâillée, au fond d'une cour, à travers des fleurs et des feuillages, des groupes charmants occupés à causer, à jouer ou à travailler.

Le clan juif est en émoi ; on lit sur tous les visages l'irritation. Les Arabes et les Juifs croisent des regards plus hostiles que jamais, des regards chargés de haine et de vengeance.

Figurez-vous, me raconte-t-on, qu'une jeune fille israélite — une des plus belles et des plus séduisantes de la ville — s'est convertie au mahométisme pour épouser l'élu de son cœur. Elle a consommé cette infamie aujourd'hui même et s'est réfugiée chez le plus haut dignitaire de la religion musulmane. Les Arabes jubilaient et les Juifs fulminaient : c'était amusant de les entendre les uns et les autres.

Les mahométans ne peuvent apostasier sous peine de mort; il leur est également interdit de contracter une union en dehors de l'Islamisme. Dans les mariages mixtes, c'est toujours le *roumi* qui doit sacrifier sa religion.

La jeune personne allait porter le *feredjé* et le *casemat*, vivre loin des hommes, et son fiancé lui-même ne la reverrait à visage découvert que le jour de ses noces.

Cet événement fit presque une révolution dans la petite ville de Tanger. La cité juive, prolongée par le quartier espagnol, va mourir sur la plage. Elle est immense, cette plage, et bosselée au fond. Les contours échappent à l'œil ; elle paraît sans limites. Toute la journée son tapis de sable fin, comme de la poudre d'or, est foulé par les caravanes. Arabes qui viennent au marché ou s'en vont, chameaux chargés de provisions, petits ânes emprisonnés dans les bâts, touristes en excursion, indigènes et étrangers qui se livrent au sport de l'équitation : tous fréquentent cette voie naturelle, toujours ouverte, sur laquelle ne sont à redouter ni les encombrements ni les chutes.

En remontant la grande rue, je m'attarde à contempler un spectacle bien simple, mais ici, dans ce pays barbare, d'une physionomie particulièrement touchante. Vingt petites filles — des enfants — en robe blanche, la tête couverte d'un voile, nimbées d'innocence comme des premières communiantes, la main fleurie d'un bouquet, montaient, sous la surveillance maternelle de deux religieuses, à l'église des Capucins pour y chanter les cantiques du mois de Marie. En avant marchait un Arabe, armé d'une canne dont il frappait le sol à la manière des suisses dans nos cathédrales. C'était le policeman de la légation espagnole, envoyé par le consul pour conduire et protéger cette frêle procession

Oh ! les mignonnes petites filles ! elles passent à travers ces Arabes aux traits durs et aux mouvements brusques comme une fleur émergeant des ronces, comme une voix fraîche et délicate qui s'élève parmi des injures et des paroles de colère.

Le Grand Zocco à la nuit tombante.

Cette seconde et dernière soirée à Tanger, cette soirée d'adieu, je vais la finir sur le *Grand Zocco*. Il fait presque nuit. La pénombre enveloppe tout. La voix de la nature, elle-même, est voilée. J'ai dépassé les deux portes et j'arrive sur le *Souk*.

Comme les mystères de cette heure s'accordent harmonieusement avec la physionomie de l'existence arabe ! L'ombre se marie avec la teinte pâle des vêtements ; le calme du fatalisme répond au silence du soir.

Des Arabes éparpillés sur toute la place, assis, immobiles ; on dirait des spectres sous ces draperies jaunes qui ne remuent pas. Et quand ils se déplacent, ils le font si lentement qu'ils sont plus impressionnants encore.

Je m'imagine être dans un vaste cimetière et je rêve des Mânes antiques et des revenants.

Cinquante Arabes, en lignes, sont assis à l'écart, les jambes croisées sous leur burnous. Ils écoutent religieusement une histoire que leur débite un conteur populaire accroupi vis-à-vis. Comme ils sont recueillis ! pas un mouvement, pas un geste. Aucun trait de leur visage ne bouge. On les croirait de cire. Et quand je passe au milieu d'eux, après les avoir contemplés quelque temps, ils ne paraissent pas s'apercevoir de ma présence. Puissance magique du fatalisme !

Tout à côté, des chameaux dorment, les pattes repliées ; leur long cou rampe par terre et leur tête s'appuie sur le sol. Voilà des Arabes qui font leur cuisine en plein air, d'autres qui mangent ; mais cela sans bruit, sans hâte. Plusieurs sommeillent.

Dans des petites cases, fermées par quatre murs et sans autre couverture que le ciel, des croyants font leur prière du soir. Il y en a dedans, il y en a autour, suivant leur qualité. La porte reste béante et il m'est permis de les considérer tous. Après avoir enlevé leurs sandales qu'ils rangent à côté d'eux, je les vois successivement s'incliner, étendre les mains, s'agenouiller, toucher la terre avec leur front et se relever... Et ils recommencent toujours la même chose pendant vingt minutes environ.

Je n'ai pas ici à juger le mahométisme, mais ce que je respecte partout où je le rencontre, c'est le témoignage des convictions, et je trouvais ces gens tout simplement admirables d'accomplir sur cette place, en public, avec un naturel touchant et une régularité minutieuse, les pratiques de leur culte.

Au-dessus des cases flottait un drapeau noir : le drapeau de fête, celui du vendredi qui remplace le drapeau blanc des autres jours de la semaine.

La nuit vient... et quand je me retire, il n'y a plus cette fois que des ombres.

De Tanger à Cadix. — Impressions d'Amérique.

5 Mai.

Onze heures du matin. Au port toujours la même affluence, les mêmes allées et venues d'Arabes chargés comme des animaux ; des cris, des injures, des coups. La fièvre ambiante brûle aussi les veines des touristes. Les voilà qui veulent tous monter dans la même barque pour aller chercher le bateau qui va s'arrêter, comme hier, à cinq cents mètres du rivage. Le panache foncé qui plane là-bas dans les airs signale son approche.

La mer est grosse et notre canot, qui ne montre cependant plus une planche au jour, tant il transporte de voyageurs et de colis, à chaque lame qui l'attaque, frémit et bascule, comme un homme prêt à défaillir sous la douleur d'une blessure.

Le plus difficile fut d'aborder au paquebot ; une vague lui présentait la barque, l'autre la renvoyait. La mer semblait prendre un malin plaisir à éprouver l'adresse et les talents maritimes des passagers. Comme elle les tourmentait avec une taquinerie désespérante, ceux qui manquaient d'aplomb ou d'habileté ! La gueuse ! elle les affolait. Quand le flot, en se moquant, soulevait la barque jusqu'à l'échelle pour la retirer bien vite, leur hésitation les trahissait et leurs mouvements toujours portaient à faux.

Sur le bateau, avec nous, toute une colonie américaine, le sourire aux lèvres, et aussi tranquille que chez elle par cette mer houleuse ; une famille juive de Tanger, vêtue d'étoffes voyantes, des bijoux aux oreilles et aux mains ; un Père capucin et quelques solitaires.

Très rapidement, comme il advint aux soldats de Gédéon, dans la Bible, les forts furent séparés d'avec les faibles. Aux premiers coups de roulis, aggravés d'un soupçon de tangage, l'épreuve fut décisive. On vit soudain le pont s'éclaircir et les vaincus s'engouffrer dans l'étroit couloir pour disparaître au fond des cabines.

Le pauvre Père capucin, lui, n'avait pas eu la force de bouger. Etendu sur un banc, la face plus jaune qu'une couverture de roman, il paraissait bien malade. Un jeune homme américain, installé dans ces parages, prit la fuite. En passant près de moi, il m'aborda très gracieusement :

— Qu'avez-vous donc fait de Monsieur le Chanoine ?

— Monsieur le Chanoine indisposé est descendu au salon.

— Voyez-vous ce religieux, comme il est malade lui aussi, (et il me désignait du doigt le Père capucin qui se débattait là-bas) ; décidément, Monsieur, l'Eglise catholique s'effondre.

Et sur ce mot, il me quitta en riant. Il était protestant, comme d'ailleurs tous ses compagnons.

Un autre, assis à côté de moi, m'adressa la parole. Nous échangeâmes nos impressions sur Tanger, l'Espagne... et de fil en aiguille sur l'Italie, la Suisse, les pays que nous connaissions.

— Oh ! me dit-il, pour un Français vous avez voyagé beaucoup ; vous êtes digne de prendre place parmi nous.

Je ne lui cachai pas ma très vive sympathie pour sa nation. A la fin de la traversée, je connaissais toute la colonie américaine.

Nous avons fait route ensemble pendant huit jours, ayant pour ce temps-là le même itinéraire à parcourir.

Cette société reste, je dois l'avouer, un des meilleurs souvenirs de mon voyage.

Les Américains, de tous les étrangers que j'ai connus au cours de mes pérégrinations, sont ceux qui se rapprochent le plus, par leur manière d'être, des Français. Ils n'ont pas la raideur guindée des Anglais, pas davantage leur sans-gêne.

Les lords anglais sont, il est vrai, d'une distinction et d'une politesse parfaites ; mais en Angleterre tout le monde voyage et c'est la classe moyenne qu'on rencontre le plus fréquemment.

En Amérique, la distance et par suite les frais considérables de déplacement opèrent une sélection forcée. Presque seuls viennent en Europe les Américains de la meilleure société.

Leur amabilité ne se traduit pas non plus par des démonstrations emphatiques et bruyantes, étourdissantes parfois, comme il arrive aux peuples du Midi, et avec lesquelles notre nature plus calme n'est point familiarisée. Franchise et courtoisie : voilà ce qui leur vaut mes faveurs.

Je ne saurais trop louer aussi chez les Américains le développement de l'initiative, la trempe du caractère, l'affranchissement des préjugés. Le voyage figure au plan de l'éducation ; il est pour eux, en même temps qu'un plaisir, une étude. De là vient, je pense, l'attention et le sérieux qu'ils apportent, en pays étranger, à tout ce qu'ils voient et à tout ce qu'ils entendent.

Pour finir, par l'intermédiaire des deux jeunes et charmantes personnes qui ont bien voulu, après avoir enchanté mon voyage, me décerner le titre d'ami, l'une en Italie, il y a trois ans, l'autre, cette année même, dans le pays que je décris, j'exprime à la plus gracieuse moitié de ce peuple toute mon admiration pour le charme exquis et inné qui en émane. Sujettes à la loi commune, elles sont, les Américaines, plus ou moins jolies, plus ou moins régulièrement belles ; mais chez toutes celles que j'ai rencontrées, mes yeux ont été pris à ce je ne sais quoi, fait de vie et de grâce, dans la physionomie et les mouvements, qui séduit.

Et dans l'ordre de mes préférences, pour le plaisir des yeux et l'agrément de la société, je les place immédiatement après les Françaises, après celles, du moins, qui incarnent avec le plus de perfection notre type et qui lui font honneur, après celles à qui je pense en écrivant ces lignes et un peu aussi pour qui je les écris.

Ce qui me surprend, par exemple, c'est de voir en ce moment le sol espagnol fleuri d'Américains, — les derniers touristes que je m'attendais à trouver ici. La guerre est si récente ! Les blessures ne sont point fermées, pas plus celles du cœur que celles de l'esprit.

Oh ! la fierté espagnole, qu'est-elle devenue ? cette fierté légendaire, toute chevaleresque, qui trace avec son cortège de nobles vertus une éclatante auréole au front de l'Espagne ?

Eux-mêmes, les Américains, sont surpris de l'accueil sympathique et cordial qui leur est fait dans ce pays qu'ils ont déchiré. Quelques-uns séjournèrent une partie de l'hiver à Madrid et à Séville. Reçus dans la société, ils furent de la part des Grands d'Espagne et des officiers l'objet des plus aimables attentions.

Pourquoi ? Est-ce que le peuple espagnol aurait laissé s'altérer et s'amoindrir les nobles traditions transmises par ses aïeux ? Faut-il lui appliquer le reproche qu'il est de mode aujourd'hui d'adresser aux races latines, celui de dégénérer ? Ou bien, avec une sincérité trop peu déguisée, les Espagnols laissent-ils libre cours à une impression de soulagement provoquée par l'abandon de colonies ruineuses ? Y a-t-il de leur part oubli, légèreté, indifférence ou charité ?

Je ne me prononcerai pas, mais cette attitude des Espagnols à l'égard des Américains m'a laissé rêveur, elle a été pour moi une déception.

CADIX. — *Une scène galante.*

Très coquette la ville de Cadix, toute blanche, avec des rues régulières, parsemées de places publiques qui ressemblent à des jardins. Il règne dans cette capitale un aspect de propreté qui réjouit l'œil en arrivant du Maroc. Une ville de cérémonie que Cadix, en tenue de gala ! Je n'ai pas encore vu aux maisons de *miradors* si élégants et si transparents. Les croisées sont divisées par des lamettes de bois en petits carrés : juste la place de passer la tête entre quatre baguettes quand la vitre qu'elles encadrent a été poussée.

Ils appellent la galanterie, paraît-il, ces *miradors* si proprets. De ma fenêtre, à neuf heures du soir, je vois une ombre noire se dessiner sur le mur en face. C'est un *novio* qui vient conter à sa *novia* les nouvelles de son cœur. Il se colle au mur et reste immobile. Quelques minutes se passent, puis un carreau du *mirador* s'ouvre avec précaution au premier étage, — pas un carreau de façade, mais un des deux petits carreaux de côté placés sur les ailes du balcon. C'était plus discret, plus mystérieux ainsi. Une tête de femme se penche. Je ne peux distinguer ses traits.

Seule apparaît, comme une veilleuse d'amour, la petite étoile rouge que fait briller dans les cheveux la rose ou l'œillet indispensable, piqué au sommet du chignon.

Ils parlaient à voix basse, les deux amis, et de longs silences espaçaient leurs phrases.

J'aurais voulu, moi, par cette nuit de printemps, dans la rue déserte, que la main tremblante du *novio* errât sur les cordes enchantées de la mandoline pour traduire ses tendres aveux. J'attendais cela, mais je fus déçu. Aussi quand deux heures plus tard, en rentrant à l'hôtel, je retrouvai à la même place mes acteurs « du Corbeau et du Renard », cette scène que tout à l'heure j'avais trouvée gentille me parut ridicule et je n'y pris plus garde.

Première entrevue avec Murillo. — 6 Mai.

Du sommet de la tour de *Vigia*, on trouve à Cadix une physionomie tout à fait orientale, dans sa robe blanche, avec ses toits plats et ses terrasses. Des *paseos*, délicieux de verdure et de fraîcheur, qui l'isolent des remparts, enguirlandent la ville.

En descendant de la tour, je sonne à la porte d'un couvent voisin qui possède, me dit-on, quelques toiles de Murillo. Ce sont les premières œuvres du glorieux artiste qu'il me soit donné d'admirer dans sa patrie.

Trois tableaux ornent la chapelle : « la Conception, le Mariage mystique de sainte Catherine et saint François en extase ».

Quel coloris, puissant et doux à la fois, varié à l'infini ! Murillo a ses tons à lui : voilà son génie. Le même bleu, volé à certain coin foncé du ciel, par une chaude journée aux approches de la nuit, qui pare ici le voile de la Vierge, je devais le reconnaître bien des fois à Séville et à Madrid.

Ce n'est pas le bleu de Prusse; non plus le saphir, bien que la nuance s'en rapproche. C'est le bleu de Murillo. Il n'a point de transparence ; il arrête l'œil, mais en le caressant comme fait à la main un velours qui ondule sous les doigts. L'ombre lui donne de la sévérité, la lumière de la force.

Oh ! le merveilleux secret de pouvoir avec un peu d'huile et de terre créer cette œuvre immatérielle : une nuance, pour idéaliser des figures et vêtir des corps !

Que j'aime cette Vierge qui s'élève dans les nues ! Sous ses pieds brille le croissant et une couronne d'étoiles scintille au-dessus de sa tête. Dieu ! qu'elle est jolie, les yeux ainsi renversés au ciel et découvrant dans leur élan, au-dessous de la prunelle déplacée, une ligne blanche ! Les deux mains se croisent sur la poitrine, la droite un peu plus haut que la gauche, et la bouche s'entr'ouvre dans l'extase. Peut-on rêver quelque chose de plus fin, de plus délicat que le cou ? Et cette robe crème, toute ridée de plis, avec un voile d'une teinte inédite entre le bleu et le noir ?

Des heures et des heures je voudrais avoir à moi pour absorber tout l'idéal qui remplit cette image, pour me griser d'harmonie.

Mon rêve heureusement, pareil à ces oiseaux qui, les ailes déployées, passent d'une contrée à l'autre en glissant dans les airs et sans prendre contact avec la terre, n'a pas quitté l'atmosphère de l'idéal pour voler sur « la Contemplation de saint François ».

Dans une grotte François prie. Il fait nuit. Le fond de la toile est chargé de teintes sombres. Le saint, lui, en pleine lumière, reflète les transports de l'adoration; dans les ténèbres profondes on voit éclater le jour intérieur qui illumine son âme. Jusqu'au ciel tout noir qui là-bas s'éclaircit pour offrir, entre deux nuages, un miroir d'azur à ses flèches irradiées.

Symbole touchant ! figure merveilleuse, parmi l'indifférence et les erreurs du monde, de l'éclat que jette aux yeux de la foi l'embrasement divin d'une âme!

De Cadix à Séville. — Mémoire d'un incident.

Notre départ de Cadix s'effectua plus pacifiquement que notre arrivée, marquée hier soir d'un incident.

Devant les prétentions exorbitantes des portefaix qui avaient déchargé nos colis, nous nous sommes révoltés. Une vive altercation se produisit. Toute la plèbe déguenillée du port, attirée par le bruit, faisait autour de l'omnibus une affreuse tache. Matelots, pêcheurs, ouvriers, rôdeurs, désœuvrés habituels des môles, tous, les mains dans les poches, le cou dans les épaules, le corps affaissé sur les jambes flageolantes, l'abrutissement au regard, écoutaient et excitaient, par envie de prolonger ce passe-temps imprévu, par méfiance aussi et par secrète hostilité contre le riche et l'étranger, les brigands qui s'acharnaient après notre bourse.

Les Américains qui voyageaient avec de nombreux bagages, surtout, étaient pris à partie.

On ouvrait la bouche, on levait les bras, sans arriver à s'entendre. Toute cette canaille, pour qui le français et l'anglais étaient lettres mortes, nous interpellait en espagnol et nous en ignorions, nous, les premiers mots. La police dut intervenir, mais sans succès ; son éloquence, comme le reste, se perdit dans le tumulte.

La confusion des langues à la tour de Babel ne fut pas chose plus désespérante. Toutes les injures françaises, anglaises et espagnoles, volaient en l'air, sans se toucher, sans rien produire puisqu'elles tombaient dans le vide. Enfin, au bout d'une demi-heure, on transigea. L'omnibus partit, semant derrière lui nos malédictions à cette foule hébétée qui dut deviser longtemps encore sur ce qui venait de se passer.

Dieu merci ! on sort plus facilement de Cadix qu'on n'y entre. La bande joyeuse que nous formions, amis de la veille et compagnons pour quelques jours, éparpillée dans tous les compartiments, faisait à chaque gare, par les portières ouvertes, la conversation d'un bout à l'autre du train. Des fusées de rire éclataient qui filaient comme un éclair. Et les badauds qui nous regardaient passer disaient entre eux : « Ce doit être une bande de l'agence Cook. »

Après avoir dépassé quelques cités maritimes d'aspect pauvre, grises et humides, nous atteignons la rivale de Malaga : Xerès, ou Jerez selon l'orthographe du pays. Nous dégustons un verre du vin chaud et relevé qui se récolte ici. Gâte-t-elle les gourmets, l'Espagne ?

A huit heures du soir nous arrivions à Séville. Première curiosité : la salle à manger de l'hôtel de Madrid où nous étions descendus. Allongée sous une succession d'arceaux en fer à cheval, toute pointillée d'arabesques, ombragée de stalactites, elle est, avec son plafond de bois incrusté, la copie fidèle d'une des pièces de l'Alhambra.

Plus de deux cents personnes, en grande toilette, souriaient à table dans ce cadre léger et coquet ressuscité d'un autre âge. Quelques dames, pour parfaire la couleur locale, avaient fleuri leurs cheveux, comme c'est la mode dans ce pays.

Après le repas l'élégante société se répandit dans le *patio* où un cloître de marbre encadrait un massif de plantes exotiques. Là, par groupes, assis autour de petites tables ou arpentant les dalles du cloître, on cause, on fume, on échange les impressions de la journée et on élabore des projets pour le lendemain.

SÉVILLE.

« On voudrait vivre à Séville, contempler la mer à Cadix, chanter et rire à Malaga et rêver enfin à Grenade. »

(Salvator RUEDA.)

« Cordoue a sa mosquée toute dentelée,
« Grenade l'Alhambra au milieu des bosquets
. . . .
« Et Cadix est comme enchâssée dans les ondes,
« Mais Séville a un je ne sais quoi,
« Un étrange privilège, une grâce accordée par Dieu,
« Qui font d'elle la plus belle
« De toutes les provinces d'Espagne. »

(Salvator RUEDA.)

Séville ! quel prestige souverain attaché à ce nom ! Séville ! c'est une étoile au firmament d'Espagne, la première levée et la plus lumineuse. « Heureux mortel ! vous allez voir Séville et la Giralda », dit-on au voyageur qui part pour l'Espagne.

On parle de Séville ici comme de Naples en Italie : ce sont des villes types qui reproduisent sur leurs traits la physionomie d'un pays. Dans ce prodigieux concours de beauté et d'intérêt qu'offre le monde, dans cette exposition universelle de merveilles, les nations désignent à l'attention du touriste, pour les représenter, des villes comme Naples, Séville, Vienne et Constantinople. Ce ne sont pas toujours les capitales. L'honneur revient aux cités qui sont les plus parfaites images de l'esprit du peuple, qui en incarnent les qualités essentielles.

Séville ! c'est toute l'Espagne. La splendide cathédrale, dans son gothique harmonieux, proclame la religion du pays. L'Alcazar rappelle, avec ses mille fleurs d'architecture, l'épanouissement de la domination des Maures ; en même temps il symbolise, par le rang primordial qu'il occupe entre les chefs-d'œuvre de la ville, l'influence capitale de cette race sur l'Espagne d'aujourd'hui.

De toutes celles qui se sont succédées sur ce sol et qui ont contribué à former les générations modernes, la race des Maures se fait le plus sentir. D'où viennent, chez les Espagnols, ces yeux de feu ? d'où cette nonchalance voluptueuse ? Pourquoi ces chants langoureux, pourquoi ces danses lascives, pourquoi cette recherche exagérée du bien-être des sens ? Partout vous retrouvez l'empreinte du Maure.

A Séville on danse la *seguidilla*, la *malagueña*, le *fandango* ;... à Séville rayonne Murillo.

L'Espagne religieuse, sensuelle et artistique : voilà sa triple signification gravée à Séville par la cathédrale, l'Alcazar et les musées.

La cathédrale. — La Giralda.

La cathédrale fut construite les premières années du XVe siècle sur l'emplacement de l'ancienne mosquée. Cette substitution de temples explique l'existence de cette place rectangulaire, plantée d'orangers et ornée de fontaines, qui fait à l'église comme un jardin. Tel était l'usage pour les mosquéés antiques ; nous l'avons déjà constaté à Cordoue.

Nous pénétrons dans l'édifice par une porte percée à l'angle de ce *patio* et au-dessus de laquelle mes yeux rencontrent d'étranges emblèmes suspendus au mur : une espèce de lézard en bois, un mors de cheval, une tringle de fer et une défense d'éléphant.

Oh ! rien d'artistique dans tout cela ; les choses les plus simples, fortement éprouvées par la patine du temps, vermoulues, usées, rouillées. Quels bizarres trophées ! En souvenir de quelle lutte des vieux âges ces *ex-voto?*

Il paraît que ces quatre objets disparates, ainsi réunis, symbolisent les quatre vertus cardinales. Traduisons la Force par la défense d'éléphant, la Justice par la tringle, la Tempérance par le mors, et dans ce monstre qui peut représenter indifféremment un poisson, un lézard ou un crocodile, voyons figurée sous les traits de ce dernier animal la Prudence.

Dieu ! le beau vaisseau ! quelle hauteur ! quelle harmonie dans les lignes et les proportions ! que tout cela est grandiose, distingué, réussi !

A suivre ces longs piliers, très élancés mais point étriqués, de pierre grise auxquels sont adossées des colonnes fluettes et que couronnent tout en haut, presque à leur extrémité, pour les faire paraître plus minces encore, des chapiteaux très légers et très fins, l'œil se repose vraiment. Il fait si bon vivre au milieu de la perfection, en pleine paix, en pleine jouissance, éperdu d'admiration, sans que rien ne puisse vous choquer ni vous heurter. Oh ! les heures délicieuses à passer comme cela, si fugitives soient-elles ! Comme on est enveloppé de bien-être ! L'équilibre intellectuel et moral du spectateur participe à la justesse de l'équilibre ambiant.

Combien de fois mes yeux ont gravi et redescendu les pentes attirantes des piliers, jouant avec les excroissances de pierre formées sur leurs fûts à la façon de bourrelets et qui tantôt se terminent en fer de lance, tantôt doublent le cintre et vont chercher le pilier voisin! Avec quelle grâce ils semblent se renverser en s'élevant ces piliers! Tel, sur la scène, un acteur conscient de son succès qui se cambre devant l'encens des acclamations!

Au-dessus du transept la voûte est ouvragée.

L'église compte cinq nefs. Celles-ci s'allongent dans un cadre de chapelles qui sont autant de musées : toiles célèbres, grilles en fer forgé, sculptures sur bois et sur marbre rivalisent de splendeur.

La *Capilla Mayor* possède un retable superbe fait de médaillons en bois sculpté et doré ; il y en a bien une trentaine. Dans de petites niches dentelées, minutieusement fouillées, sur le rebord desquelles a germé toute une végétation de statuettes, sont représentées les scènes de la vie du Christ. Des figures d'une finesse incroyable ; de loin je distingue parfaitement l'Annonciation, la Nativité, la Cène, la Résurrection.

Derrière la *Capilla Mayor*, dans le *Tras-Sagrario*, la *Capilla Real* renferme les cendres de saint Ferdinand qui en 1248 reconquit Séville sur les infidèles. Son corps repose dans une magnifique châsse devant l'autel. On nous montre aussi une statuette en ivoire de la Sainte Vierge, parée d'étoffes somptueuses et de diamants, pieuse relique offerte par saint Louis, roi de France, à saint Ferdinand, roi d'Espagne.

La chapelle qui reçoit le plus de visiteurs est la chapelle de saint Antoine de Padoue. Murillo en est le parrain ; un de ses chefs-d'œuvre : « saint Antoine en extase devant l'Enfant Jésus » domine l'autel.

Entre les nuages s'ouvre une percée claire, circonscrite par des groupes d'anges jetés là dans un désordre charmant. Au milieu apparaît l'Enfant Jésus, la jambe gauche en avant, les deux mains tendues : on dirait qu'il marche. Saint Antoine qui priait, son livre d'heures ouvert à côté de lui, tombe à genoux, les bras en croix et la face au ciel, les yeux abîmés dans cette contemplation. Jésus regarde Antoine et Antoine regarde Jésus; tout est là et de cette rencontre des rayons visuels naît l'extase, l'immobilité parfaite.

Cette toile est brossée de teintes sombres et discrètes, favorables au recueillement. L'obscurité de la chapelle rend la scène plus mystérieuse encore.

De quel éclat brille cette église ! Mais nous n'avons rien vu jusqu'à présent. Les collections les plus précieuses — ce choix de richesses parmi les richesses qu'on appelle le trésor — sont cachées dans les sacristies. Là c'est l'éblouissement : une croix fondue avec le premier or venu d'Amérique, une quantité de chasubles soie et or très anciennes, un chandelier en bronze monumental, de forme triangulaire, chargé de figurines et qui supporte quinze cierges.

Un objet ravissant qui laisse aux yeux la même impression de bien-être que la cathédrale dans son ensemble, c'est la *custodia*. *Custodia* veut dire ostensoir. Un bijou en argent, la miniature d'un temple circulaire à quatre étages diminuant graduellement de circonférence. La hauteur totale mesure trois mètres vingt-cinq centimètres. Je ne connais rien de fin et d'élégant comme cet ouvrage. Les quatre galeries sont figurées par des colonnes ioniques, enguirlandées de liserés d'argent et qui supportent deux à deux, alternant chaque fois, une architrave et un arc. La sainte hostie réside au second étage. Chacun des trois autres supporte une statue.

A côté de la sacristie, la salle capitulaire : une chambre elliptique. La coupole semi-sphérique fait penser à la moitié supérieure d'un œuf de Pâques. Le jour vient par en haut. Vis-à-vis la porte, une « Conception » de Murillo, pendue au mur, se penche vers vous.

La tête de la Vierge est inclinée à droite, les mains pressent la poitrine ou plutôt le cœur, les paupières s'abaissent sur les yeux, le genou gauche se courbe ; on le voit bomber sous la robe blanche, d'un blanc qui va passer, déjà terne et opaque comme l'eau par une pluie d'orage. Marie s'élance, elle prend son vol. Ses cheveux flottent au vent et une mèche vient se poser sur l'épaule gauche. Un rais d'anges, embués de vapeurs, la traverse.

Quelle jolie perspective que celle de la Vierge ainsi penchée ! Son élan semble déplacer le tableau fortement incliné par rapport au plan du mur. On croit qu'elle va traverser les airs et l'œil l'attend déjà plus loin sur la ligne qu'il tire d'après l'inclinaison du corps.

Avant de quitter ces lieux, il me faut rendre visite à la fameuse *Giralda.* Une tour carrée, en briques, de trois cents pieds d'élévation environ, toute rose. Elle s'amincit imperceptiblement à mesure qu'elle s'élève. De mignonnes ouvertures aux contours déliés, toutes dentelées, sourient sur les quatre faces entre des grillages d'arabesques. On en fait l'ascension par une rampe pavée en brique, petit chemin en spirale à pente très douce ; en miniature la montée à l'intérieur de la coupole à Saint-Pierre de Rome.

Cette tour est l'œuvre de l'architecte arabe Geber, l'inventeur de l'algèbre.

Au sommet s'élève une statue colossale de la Foi, en bronze doré, haute de quatre mètres. Cette statue tourne sur elle-même, à la façon d'une girouette, au moindre vent, d'où son nom de *Giralda* (du verbe espagnol *girare :* tourner) donné par extension au monument. Partout s'accusent la délicatesse recherchée, le fini impeccable du travail arabe ; c'est joli, c'est coquet, il n'y a rien à reprendre. Les doigts du peuple maure, vraiment, engendraient l'art au contact de la matière.

Les musées. — Murillo.

A Séville, le roi de l'art est Murillo, comme Raphaël à Florence et le Titien à Venise. Murillo naquit à Séville en 1618. Autour de son berceau ont fleuri ses chefs-d'œuvre qui l'immortalisent. Je ne vois ici que des sujets religieux.

Ne dirait-on pas que par un scrupule délicat, par un sentiment exquis de reconnaissance, l'artiste eut à cœur de consacrer à Dieu les prémices et les plus belles envolées de son génie.

Des prières, des extases : voilà ce qu'on lit au front de ses héros; la Sainte Vierge, les Saints et les petits Anges du Paradis sont ses personnages familiers. Toute sa vie, Murillo, pour satisfaire ses aspirations, a soulevé l'immense, l'impénétrable tenture bleue qui nous cache l'au-delà et où son âme se mirait. Et c'est un monument symbolique de sa gloire que ces échappées sur la vie supérieure et idéale à laquelle il participe aujourd'hui là-haut.

Dans « la Vierge de la *Servilletta* », une toute petite toile, j'aime les yeux de l'Enfant Jésus : des yeux de velours, tout bleus, grands ouverts, où la vie bat son plein ; des yeux ravissants de poupon éveillé. J'aime aussi la teinte dorée, cuivrée : laquelle des deux ? qui baigne la figure de la Madone ; encore une nuance intermédiaire, une nuance à Murillo, une de ces nuances nouvelles, parfaitement réussies, dont lui seul a le secret.

Et « l'Enfant Dieu qui fait ses confidences à saint François » ! Assis sur un livre, la main droite en l'air afin de rehausser le prestige de ses paroles, est-il assez gentil ? François, un genou en terre, se penche pour l'écouter ; ses yeux sont attentifs. Un de ses bras s'arrondit autour du corps de Jésus, l'autre laisse pendre la main dans laquelle a fleuri un lis. Dans les nues, de petits anges en liesse regardent ce qui se passe avec l'intérêt fugitif de l'enfance. Leur insouciante gaieté contraste avec le sérieux de la confidence et donne à celle-ci plus de gravité encore.

Une confidence divine, que cela doit être impressionnant, à en juger par l'exquise douceur déjà d'une confidence humaine ! Et à propos de cette peinture, voilà mon esprit qui distille tout ce qu'il y a de bon dans une confidence, qui évoque des souvenirs, qui s'égare dans la psychologie.

Les confidences les plus profondes et les plus intimes sont celles de la conscience et du cœur. Elles ne laissent jamais indifférent l'élu à qui elles sont livrées. D'abord elles le flattent, elles caressent son amour-propre et éveillent en lui un sentiment de légitime fierté. Mais quand elles émanent d'une nature sympathique et d'un cœur ami que le confident désire connaître parce qu'il les aime, elles ont pour lui un parfum délicieux qui s'infiltre dans tous ses sens les plus délicats, elles l'inondent d'une satisfaction des plus suaves, elles lui font un bien ineffable, elles lui ajoutent quelque chose qu'elles enlèvent, en le soulageant d'un grand poids, à celui qui livre son secret.

Tels un chaud rayon de soleil, une échappée de turquoise, qui font oublier les frimas d'hiver. C'est comme si la personne confidente était tout à coup transplantée des neiges de Russie sur les rives ensoleillées et fleuries de la Côte d'azur.

Je ne dirai pas qui est plus sensible de la femme ou de l'homme à ce charme rare des confidences. Je pense que c'est la femme dont la nature particulièrement délicate est plus favorable à ces fines impressions ; mais il y a beaucoup d'hommes — parmi les non blasés — qui revendiquent leur jouissance à ce doux commerce.

Pour les âmes charitables, il y a en plus l'intime bonheur de panser les plaies du cœur.

Mais où suis-je, mon Dieu ! tout ce rêve à propos d'une simple association d'idées, et je demeure très surpris, quand il est fini, de me trouver en présence de « sainte Juste et sainte Rufine » à quelques pas du tableau précédent, celui qui avait donné à mon imagination la clef des champs.

Les deux patronnes de Séville portent la Giralda d'une main et de l'autre la soutiennent. Quel heureux effet de clair-obscur chez sainte Rufine ! Sa ceinture flottante, de couleur rouge, repliée sur la manche, répand au revers du coude et au côté une ombre profonde d'où le bras sort en plein jour, ruisselant de lumière.

Chacune des deux saintes porte une palme, signe de leur mission pacifique. Quel calme émane de leurs personnes et comme elles semblent l'appeler autour d'elles, avec cet air inspiré !

Par exemple voilà une toile qui me retient captif. J'y découvre des poses et des tons qui enchaînent mes yeux. Le sujet est très simple : « Saint Thomas de Villeneuve faisant l'aumône à un mendiant. » Sept personnages, pas plus ; et encore il y a deux enfants. Une scène religieuse par excellence : un prélat, revêtu des ornements pontificaux, secourt des malheureux. Il est debout, la mitre sur la tête, la crosse à la main. Une longue robe noire l'enveloppe tout entier et sur sa poitrine brille la croix pastorale.

A ses pieds un mendiant demi-nu est arcbouté : il s'agenouille tant bien que mal sur une marche d'escalier en s'aidant des jambes et de la main. Aux lignes brisées de son corps, à toutes les courbes qui en dessinent la surface, à la position du pied recroquevillé, on devine qu'il n'est point solide ainsi ; l'âge et la faiblesse, chez lui, ont rouillé les rouages des membres. La partie supérieure du corps repose de tout son poids sur le bras gauche, raidi autant que possible, qui sert de colonne branlante à un édifice ruiné. Sa main appuyée sur le sol ne s'est pas dessaisie du bâton qui tout à l'heure l'aidera à se redresser.

Voyez comme il lève vers l'évêque sa face grimaçante de vieillard ému et comme il tend humblement sa main droite restée libre ! Le prélat se penche, condescendant ministre de Dieu ; sa main fermée avec les doigts ployés figure le canal par où va s'écouler la charité. Entre le pouce et l'index sort une pièce d'argent ; elle va tomber, suivie de plusieurs autres peut-être, dans le récipient que fait la main du malheureux, ouverte immédiatement au-dessous.

Oh ! ces deux mains, celle qui donne et celle qui reçoit, si près l'une de l'autre, comme elles sont éloquentes et persuasives pour émouvoir les cœurs !

Un rais de lumière inonde le dos du mendiant, ce dos nu qu'il présente aux regards dans son humble attitude. On dirait la chair citrine d'un corps méridional, embrasé par des rayons de feu : mêmes reflets d'or, mais d'or lumineux, un peu roux. Le soleil seul crée avec Murillo de pareilles œuvres.

Ce même trait éclatant allume le crâne chauve d'un vieillard qui s'avance à gauche du saint, la tête inclinée avec un profond respect. Cette fois-ci, le ton est plus brûlant et moins lumineux, il y a plus de cuivre et moins d'or, plus de chaleur et moins de jour.

Certaines feuilles mortes, prêtes à s'effriter sous la moindre pression, ont aux crépuscules d'automne une teinte approchante. Il y a bien aussi de la couleur des nuages enflammés par la foudre, celle que j'ai signalée déjà sur « la Vierge de la *Servilletta.* »

A droite une femme est assise, une pauvresse encore ; un gamin s'est jeté sur elle... « Regardez, maman... » et il montre, dans la paume de sa main; une pièce blanche. La mère plonge ses yeux jusqu'au fond de ceux de son enfant, pour absorber là, à son foyer, dans sa quintessence, toute la joie du petit, et y mêler la sienne.

Oh ! ce regard de mère, ce regard fixe et avide qui perce, comme une flèche, les voiles de l'âme ! « Que c'est bon, que nous sommes heureux, n'est-ce pas, mon petit ?... » voilà le mot de ces yeux inquisiteurs. Une poussière de feu qui papillotte entre les deux têtes éclaire la figure du bambin.

Ces jeux d'ombre et de lumière qui transfigurent le tableau se passent sur un fond gris, jaune, blanchâtre — il y a de tout cela — de couleurs foncées et étendues, très douces à l'œil. Un détail encore me frappe : l'ondulation harmonieuse du voile grenat enroulé autour d'une des deux colonnes qui encadrent saint Thomas exerçant son apostolat.

L'Alcazar. — 8 Mai.

C'est la réédition de l'Alhambra. Mêmes caractères d'architecture. Toujoûrs les arcs en fer à cheval, toujours les intrados découpés, les tympans percés à jour, le réseau inextricable des arabesques qui fait rire avec insolence les panneaux, et encore les plinthes de faïence, les alvéoles accumulées aux angles, les plafonds incrustés, les devises cabalistiques.

Une seule différence : à Grenade l'Alhambra, dans son antiquité, a été entouré d'un respect inviolable ; aucune main profane ne l'a souillé. Il est resté tel, ce monument superbe, que l'ont fait les Maures. On l'a empêché de tomber, de mourir ; voilà tout.

A Séville, ce bijou qui s'appelle l'Alcazar a servi de jouet au caprice des monarques. Quellė fâcheuse fantaisie traversa l'esprit de Pierre le Cruel et de Charles-Quint lorsqu'ils conçurent le projet de sa restauration ! Quelle audace, quelle démence de porter la main sur lui !

L'Alcazar est une de ces merveilles, enfantées on ne sait par quel génie, en un jour d'inspiration divine ; un présent du ciel, un échantillon de perfection tombé par hasard ici-bas. Regardez, admirez, mais ne touchez pas ou bien c'en serait fait de lui. Tout comme Psyché fit s'évanouir l'Amour après l'explosion de sa curiosité, tout comme la révélation indiscrète que lui arracha Elsa de Brabant mit en fuite Lohengrin : l'Amour et Lohengrin, ces deux apparitions d'une beauté surhumaine et inconnue. Elsa et Psyché, en voulant parfaire leur bonheur, l'ont détruit.

Aux chefs-d'œuvre, seuls peuvent mettre la main leurs auteurs ; et encore sont-ils certains eux-mêmes, par une retouche hasardée, de ne point gâter l'original ? Un chef-d'œuvre, c'est si fragile ! On le fait une fois, on ne saurait le reproduire.

Eh bien ! en voulant embellir l'Alcazar, on l'a défloré. Combien je préfère à ces couleurs vives : bleu, jaune, rouge, vert, qui coulent toutes fraîches, toutes neuves, dans l'écheveau embrouillé des canaux minuscules formés par les mille taillades pratiquées dans les murs, les tons pâles et indécis de l'Alhambra ! Les nuances sont parfaitement réussies, mais elles détonnent par leur chaleur dans cet antique monument.

En retouchant à tout, on a fait un travail d'écolier, une imitation maladroite. Ce regret exprimé, il reste beaucoup à admirer. *Patio de las Doncellas,* avec une fine dentelle de stuc qui, à la façon d'un lambrequin, est suspendue tout autour de la cour, reposant de place en place sur de ravissantes colonnettes de marbre. *Patio de las Doncellas* signifie « cour des jeunes filles. » Le nom lui vient, dit la tradition, d'un usage des rois Maures qui recevaient en ce lieu le tribut des cent jeunes filles imposé aux Léonais par l'usurpateur Mauregat. On montre même trois niches creusées dans la muraille où se tenaient les souverains, assis sur leur trône, pour cette grave cérémonie.

On a coutume d'appeler un travail de longue haleine, pénible, âpre, serré, un travail de bénédictin. Ici, en présence d'une profusion de points charmants, comme faits à l'aiguille et parmi lesquels l'œil s'égare, ne peut-on pas hasarder timidement : tant de légèreté, tant de délicatesse font penser à des mains de jeunes filles, de *doncellas?* Peut-être cette étymologie fantaisiste obtiendrait-elle quelque crédit auprès des étourdis qui aux enseignements de l'histoire préfèrent la révélation de leurs propres impressions? Les arabesques au-dessus de ma tête me rappellent les fines mailles des nappes d'autel, des rochets et des aubes d'église, des housses de fauteuil sur lesquels je vis glisser, la tête penchée et les yeux attentifs, des doigts de femmes qui me paraissaient des doigts de fées.

Les mantilles qui voltigent sur la tête des Andalouses, elles aussi, ressemblent aux arabesques.

Et le salon des Ambassadeurs ? Oh ! le splendide plafond ! Cette coupole de *media naranja*, ces baguettes de bois encadrant des glaces, ces alvéoles, ces placages coupés d'or et d'ivoire, ces guirlandes d'inscriptions incrustées, comme tout cela est riche !

Passons à la cour des Poupées, *las Muñecas*. Ici, c'est de la miniature. Les ornements que nous avons admirés dans les autres pièces s'y retrouvent, rapetissés, diminués, réduits ; des joujoux.

Un joli coup d'œil encore est celui que présente à une extrémité du palais l'enfilade des salles ; les arcades dentelées qui se succèdent semblent plus basses à mesure qu'elles s'éloignent.

Un jardin complète le palais. Arbres et plantes, fleurs et feuillage en font un poétique tableau. Des terrasses où l'ombre et la vue sont ménagées s'élèvent au bout des avenues. Puis il y a des surprises de toutes sortes. A la jonction de deux allées je vois sourdre en forme de croix, par des fentes imperceptibles, deux lignes de jets d'eau à fleur de terre. Un simple bouton, tourné à temps, les fait jaillir à la façon d'un vaporisateur. Sous une espèce de tunnel, une grande piscine : ce sont les bains de Maria de Padilla.

En ville. — Figures populaires et aristocratiques. — La manufacture des tabacs. — Le paseo de las Delicias. — *9 Mai.*

Le matin je flâne. Je m'en vais par les rues glaner au hasard quelques impressions. L'*Ayuntamiento* (hôtel de ville) avec sa façade très ornée — la *Casa de Pilatos,* reproduction de la maison du gouverneur à Jérusalem, qui embrasse un délicieux *patio* tout luisant de marbre et de faïence — la *Casa Lonja* — la cour princière de l'archevêché — encore la cathédrale et la *Giralda* passent tour à tour sous mes yeux, comme on voit défiler dans un stéréoscope les vues choisies d'un pays ou d'un voyage. Je regarde, j'examine superficiellement et je continue ; il y a tant à voir.

A l'hôpital, on me montre dans la chapelle deux grandes toiles de Murillo : « la Multiplication des pains et Moïse frappant le rocher » ; et puis un bien vilain tableau : le cadavre d'un évêque. Horrible spectacle ! Sous les ornements pontificaux, étincelants d'or et de pierreries, un corps en pleine décomposition. La tête surtout est affreuse à voir : plus que des os et des cavités. Oh ! la grimace hideuse de ce squelette! On dirait d'une figure en relief, tant il y a de réalisme.

Une des curiosités de Séville est la manufacture des tabacs. L'édifice fort beau ne possède cependant aucun de ces signes anciens ou artistiques qui méritent l'attention des voyageurs. Aussi bien n'est-ce point une visite de monument qu'ils font ici. Serait-ce le désir d'apprendre à fabriquer les cigares et les cigarettes qui attire chaque jour à deux heures quand les portes s'ouvrent, bon nombre d'étrangers ? Non plus, l'intérêt n'est pas là. Mais l'assemblée de quatre mille femmes de la même ville, au-dessus desquelles plane le souvenir de Carmen, ne doit pas être un spectacle banal. Voilà un champ favorable aux études de mœurs, où le visiteur attentif, à certains détails, saisira certains traits de la race. Nous faisons cette excursion psychologique avec une famille américaine.

On nous conduit à travers des chambres immenses ; quatre cents ouvrières environ travaillaient dans chacune d'elles. Le chef d'atelier, une femme d'âge mûr, nous recevait à la porte et nous escortait. On eût dit une vaste salle d'études.

De grandes tables étaient alignées les unes derrière les autres, symétriquement, qui laissaient entre elles, au milieu et aux deux extrémités de la pièce, un passage de service. Et devant ces tables le même nombre d'ouvrières de chaque côté travaillaient en se faisant face; seulement elles étaient un peu plus bruyantes que des écolières dans une classe. Presque toutes portaient au chignon le bouquet accoutumé, et leurs mains s'agitaient, couraient sur le tabac qu'elles saisissaient à pleines poignées, qu'elles démêlaient, qu'elles effilochaient, qu'elles roulaient ensuite comme des boudins, toujours plus vite, automatiquement, avec la fièvre de la routine.

Tout le long des allées, centrale et latérales, au niveau de chaque table, je vois à droite et à gauche une ou deux caisses de bois, tournées en forme de corbeilles, que l'ouvrière la plus voisine fait vaciller d'une main tandis que de l'autre elle exécute son travail. En m'approchant je distingue là dedans la face imperceptible d'un poupon qui tantôt dort, tantôt grimace, quelquefois crie. Toutes les ouvrières mères prennent place au bout des tables, à portée de la couchette et, suivant le besoin, allaitent ou bercent le marmot. Cela se fait en hâte, sans perdre une minute, tout comme les cigares et les cigarettes, à la façon d'un exercice.

C'est que du matin au soir ces femmes sont là, prisonnières de l'indigence. Elles ne sortent même pas à midi pour aller déjeuner chez elles et la modicité du salaire ne leur permet pas d'en prélever la plus légère somme pour faire garder et nourrir les petits.

Que de bébés ! « Il y a ici bien des ouvrières qui ont mangé le lis » me dit à l'oreille un jeune homme en passant.

Dans chaque salle un autel en l'honneur de Notre-Dame de la Victoire est dressé à un angle du mur. Tels ces petits mois de Marie que les enfants pieux s'amusent en mai à bâtir dans leur chambre. Des bougies brûlent sans cesse devant l'effigie de la Vierge, patronne des ateliers, et autant de fois que la flamme les a consumées, on voit l'ouvrière chargée d'y pourvoir se lever et, avec les soins d'une sacristine, substituer aux deux cadavres de flambeau deux bougies toutes neuves.

Monsieur l'Abbé, en passant, obtient un grand succès. Toutes ces femmes, sans quitter les pelotes de tabac qu'elles pétrissent machinalement, l'interpellent et, comme des enfants, lui demandent en souriant une médaille, une image. Et le pauvre abbé qui ne s'y attendait pas lève et laisse retomber ses bras en signe d'impuissance : *Non tiendo, non tiendo...*

Etranges créatures ! elles sont loin, certes, d'être les statues de la vertu, et pourtant elles étaient bien sincères dans ces manifestations d'innocence enfantine !

Ces menus détails, en piquant notre curiosité, éveillèrent vivement notre intérêt. Mais n'allez pas croire que nous ayions fait une promenade très poétique dans le parterre des Grâces, n'allez pas à la lueur d'un sourire malicieux railler cette visite ! Ni la beauté ni la jeunesse n'ont été requises pour le choix des sujets et il serait malséant de juger des Andalouses par ces exemples ; on leur ferait bien injure.

A la manufacture des tabacs, tout à l'heure, j'ai vu le peuple : pauvre, sale, étourdi, bon et rempli de contrastes.

En ce moment, allongé au fond d'une victoria, je viens d'accrocher un anneau de plus à la chaîne interminable que forment sur l'avenue Marie-Christine, en descendant et en remontant, les voitures de promenade, toutes dehors à cette heure attachante. Le soleil va se coucher, l'air est frais et parfumé. Le charmant cadre d'exposition mondaine sur la lisière du Guadalquivir ! De l'eau s'élève par instant une brise silencieuse qui chatouille imperceptiblement — oh ! rien que pour les surprendre ! — comme par taquinerie et pour les rappeler à la réalité, les jolies oisives nonchalamment renversées au fond des landaus ouverts. Les yeux allumés, la bouche mi-close, les doigts errants sur l'éventail, on les voit frissonner, comme une feuille réveillée par le vent du midi, mais on ne saurait dire si c'est de froid ou de vanité, de coquetterie satisfaite ou d'impression nerveuse, d'espoir ou de crainte, tant il y a, sous ces palmiers dont les bras étendus versent une ombre propice, de regards croisés, d'œillades décochées, de signes mystérieux échangés.

Toujours la tiède atmosphère des *pascos*, la molle flânerie; toujours les yeux qui cherchent les yeux, comme à Cordoue, comme à Grenade, comme dans toute l'Andalousie.

A un certain moment la foule des voitures est devenue si pressée que celles-ci vont et viennent deux par deux, en rang comme des écoliers. Elles couvrent ainsi toute la chaussée, et les splendides toilettes, étalées sur les coussins des équipages, font flamboyer au soleil toute la gamme des couleurs. A chaque extrémité de l'allée on voit les voitures décrire une courbe gracieuse et s'en revenir par le bord opposé, de façon qu'il n'y a dans ce long ruban qui se déroule aucune solution de continuité.

Beaucoup d'équipages, des voitures de remise et très peu de fiacres, les attelages espagnols à deux, trois et quatre mules toutes pomponnées.

Mais dans tout cela que de pauvreté dorée! Combien d'uniformes éclatants qui couvrent des plaies! Comme on sent ici le goût de l'apparat, de ce qui brille! Galons, broderies, étoffes, cuivre, argent, métal, sur les harnais et les livrées, jettent de la poudre aux yeux; à la surface tout reluit, mais il ne faut pas approfondir. Je n'ai point vu de beaux chevaux, de ces chevaux de prix qui exhalent la richesse et la font respirer autour d'eux, de ces paires de chevaux qui, à elles seules, sont une fortune. Derrière les plaques, qui de loin font miroiter d'orgueilleuses armoiries sur les livrées, se cachaient bien des reprises, bien de l'usure.

Et de penser que cette brillante société qui défile là sous mes yeux, souriante et heureuse, ce soir, quand la porte du logis se sera fermée sur elle, va payer par des privations amères ce luxe de deux heures et cette vanité d'un instant, me trouble et m'attriste. Mon Dieu! que légère et frivole est donc l'humanité! Acheter un peu de gloriole à ce prix? Et c'est cela tous les jours. On me montre plusieurs personnes parmi les plus élégantes; l'intérieur de leur maison est d'une simplicité, d'une pauvreté dont, chez nous, des ouvriers s'accommoderaient mal. Tout pour la galerie.

Les danses espagnoles. — Une soirée au café des Nouveautés.

A Séville la grande attraction est la danse. Je ne connais pas de pays où on danse comme en Espagne, autant et aussi bien. En Italie, peut-être? mais encore si la danse y est exécutée avec un art consommé, elle n'est point un amusement aussi familier au peuple. Ici tout le monde danse et on danse partout : au théâtre, au café, dans la rue, sur la place publique, et à propos de n'importe quoi.

La danse à Séville jouit d'une réputation universelle : cette danse espagnole, produit de l'Orient, langoureuse, voluptueuse, faite de pas et de gestes, qui devient par instant une pantomime.

Au café des Nouveautés, à neuf heures et demie du soir. Une salle basse encombrée de petites tables avec un théâtre au fond et vis-à-vis une tribune. Comme public, des gens du peuple seulement et des étrangers. Tant mieux! ce sera plus couleur locale.

Le rideau se lève et arrivent en courant, chacun par un côté de la scène, un danseur et une danseuse : l'homme coiffé d'une toque ; veste bariolée, écharpe flottante, culotte courte, bas de soie et escarpins composent son costume. Il paraît fort en verve. Du regard et du geste il provoque sa partenaire. Elle ne bouge pas, enveloppée dans une longue mante. Alors il s'enhardit. Brandissant ces petites coquilles de bois qu'on appelle les castagnettes, les faisant résonner avec un bruit sec comme le cri de la cigogne, le voilà qui s'avance, recule, saute en l'air et retombe à pieds joints. Il s'arrête, il recommence, il tourne autour de la belle indifférente.

Elle se laisse enfin toucher ; tout doucement elle se meut, d'une main agitant l'éventail, faisant claquer de l'autre les castagnettes. Son manteau glisse à terre. La partie est engagée.

Alors vient une suite d'enfantillages : des pas, des surprises, des taquineries, le jeu de cache-cache le plus innocent. Avec les prunelles et les mains ils correspondent ; ils se cherchent et ils s'évitent. En même temps ils voltigent autour l'un de l'autre, lentement d'abord puis plus vite ; leurs corps se frôlent, leurs yeux s'appellent, mais quand ils vont se croiser, soudain un détour de tête les dérobe.

Chacun de ces mouvements signifie une déclaration ou une permission ; ils parlent, ces deux galants, un langage symbolique, et leurs affaires semblent en bonne voie. C'est comme la marée montante ; l'œil voit la mer qui s'avance et recule, mais celle-ci gagne et s'élève toujours. Les pas s'accélèrent, le rythme des castagnettes est enfiévré ; ce n'est plus de la danse, mais du vertige chez le cavalier.

L'épreuve est suffisante. Sur un choc des castagnettes, bref comme un coup d'archet sur le violon, impérieux comme un commandement, le danseur affolé s'agenouille, le poing sur la hanche, et renversant la tête il rencontre les yeux rieurs et brûlants qu'il sollicitait depuis si longtemps.

Ceci est la danse élégante, pour le public distingué. J'ai oublié son nom, mais elle est de la série des danses *select*, comme la *malagueña*, la *seguidilla*. Ensuite, les danses populaires, les plus simples, les plus vieilles, celles qui viennent des Maures.

Sept femmes sont assises sur des chaises disposées en hémicycle. Elles portent de longues robes très amples et d'une étoffe souple. Une d'elles se détache du groupe et s'avance au bord de la scène. Dès que ses compagnes font babiller les castagnettes, elle se cambre, lève un bras puis l'autre, les noue au-dessus de sa tête à la façon d'une anse de panier, les sépare, tandis que ses hanches fléchissent, sa taille se ploie, sa tête se balance : des poses de statue, des attitudes tantôt fières tantôt nonchalantes.

A l'opposé de chez nous, dans la danse, les pieds ne bougent pas ni les jambes non plus. Le buste seul se meut en s'accompagnant des bras et de la tête. Au début les mouvements sont lents, lents aussi les regards chargés de langueur, lents les appels de la main ; on dirait que les nerfs sont lâches. Peu à peu l'excitation se produit. La danseuse, qui tout à l'heure évoluait, se démène à présent comme une possédée. Sa poitrine frémit, sa taille se tord, elle a les contractions d'un serpent coupé en deux.

Les trois notes des castagnettes, sèches, monotones, ne sont plus au diapason, et des cris rauques, des espèces d'aboiements sortent, toujours plus âpres, toujours plus furieux, de la bouche des figurantes. Telle une meute lâchée sur un gibier : *ollé, ollé... ollé, ollé... eh la Juanita...!*

Et quand le délire a atteint son paroxysme, quand la fille est épuisée, sur une pose plus hardie que les autres, subitement, elle s'arrête, essoufflée, haletante, prête à se pâmer.

Quelques Espagnols lui jettent leur chapeau dont elle se couvre avant de le renvoyer ; c'est chez eux le témoignage suprême de l'approbation.

Tour à tour les six autres femmes s'offrent en spectacle. Chacune, lorsqu'elle a fini de se désarticuler, s'en retourne épuisée sur sa chaise où elle va donner la mesure à celle qui lui succède.

Dès la seconde représentation les castagnettes s'étaient tues. Un simple battement de mains, en trois temps, toujours le même, les remplaçait. C'est plus populaire ainsi, plus local. Mais quand arrivait, à la fin de l'exercice, la minute du délire, les pieds frappant le parquet venaient au secours des mains pour le vacarme d'enfer que réclamait cette bacchanale.

Une insurrection à Séville. — Eloge touchant du catholicisme. — 10 Mai.

Quand je m'éveillai, deux impressions qui guettaient le retour de mes sens à la réalité extérieure m'envahirent. Mon dernier jour à Séville venait de se lever ; cela m'attristait, car je m'étais attaché à cette capitale. En même temps je me sentais tout joyeux à la pensée d'une course de taureaux annoncée pour l'après-midi. Assister à une *corrida*, à Séville, au cœur de l'Espagne, sous le soleil qui exaspère les passions, c'était une chance, une vraie chance. Et dans cette attente je passai gaiement la matinée.

Vers une heure, je prenais le café dans le *patio* de l'hôtel en compagnie de quelques étrangers. Tout à coup on ferme les portes et nous entendons une rumeur sourde gronder au dehors. Naturellement nous allons aux renseignements. A l'hôtel on ne voulut rien dire ; mais en sortant je vis, sur la place voisine, dans un nuage de poussière, des pavés voler en l'air. Des gens couraient avec précipitation de tous côtés ; on criait, on s'agitait. Et dans les rues qui aboutissaient à la place on apercevait, massée à distance respectueuse et prête à se disperser à la première alerte, la foule des badauds qui encadre tout événement extraordinaire.

Certes, quelque chose était survenu, mais quoi ? On est trop malheureux quand on ignore la langue du pays où on se trouve. Enfin il faut pénétrer le mystère.

Je gagne la *calle de las Sierpes*, la principale rue de Séville, non à cause de son étendue ou de sa largeur, mais à cause de toutes les ressources qui y sont concentrées : magasins, cafés, cercles, banques....., une rue sans trottoir, où les portes des boutiques ouvrent de plain-pied sur la chaussée, et interdite aux voitures.

Tous les magasins clos; un petit carré de papier collé sur la devanture en expliquait sans doute la raison, — comme chez nous on lit sur le volet : « Fermé pour cause de décès. » Fermés aussi les autres établissements. Les fenêtres et les balcons étaient garnis de têtes, et dans la rue une véritable mer humaine ondulait. Seules la police et la troupe, en passant, traçaient sur ce flot un sillage aussitôt effacé.

Près de la poste, j'aborde un agent de police. Tant bien que mal, moitié en français, moitié en espagnol, je lui expose mon cas : je suis étranger et je désire savoir ce qui se passe. Il me met très obligeamment au courant de la situation.

Voilà : tout ce trouble était provoqué par des manifestations hostiles au gouvernement. Récemment apparut en Espagne, à l'instigation du ministre des finances Villaverde, l'impôt sur le revenu. Cet impôt, ajouté à des charges déjà très lourdes, frappait surtout, tel qu'il était conçu, les commerçants. Ceux-ci formèrent une ligue et refusèrent le paiement de la taxe. A eux se joignirent tous les mécontents, et ils organisèrent ensemble, dans les principales villes d'Epagnes, un mouvement populaire pour aujourd'hui. Et sur les portes closes des magasins les petites affiches disaient : « Fermé pour cause d'adhérence à la ligue de... j'ai oublié le nom... de l'Union nationale, » je crois.

En principe la manifestation devait être pacifique : une simple protestation, imposante et éloquente. Mais la discorde ne tarda pas à éclater entre les insurgés, puis il y eut des imprudences, des exagérations commises par quelques exaltés, et alors ce fut dans la ville un vrai bouleversement.

— Le peuple n'a pas tort de se soulever, on l'écrase ; mauvais gouvernement, mauvais gouvernement, Monsieur, ajouta le commissaire.

Bon ! la police fait cause commune avec les révoltés contre le gouvernement ; c'est au moins original.

En effet, la police empêchait les bagarres, maintenait l'ordre autant que possible mais, neutre en apparence, était en réalité du côté du peuple. La gendarmerie et l'armée agissaient, elles, pour le compte du gouvernement.

L'officier de police m'avait conseillé de rentrer chez moi. La foule, dans la rue, commençait à s'éclaircir. Le passage réitéré des gendarmes et des soldats qui la coupaient sans cesse pour aller prendre position à tous les points de la ville devenait inquiétant. Sur la place de la Constitution, au bout de la *calle de las Sierpes*, des pelotons étaient massés, prêts à charger. Je m'engageai dans des rues transversales pour gagner l'hôtel à cinq minutes de là environ. Seuls quelques passants troublaient le silence rendu plus impressionnant encore par la silhouette des gendarmes campés à tous les carrefours.

Comme je marchais, une pierre vint s'abattre à trois pas de moi, qui s'effrita en tombant. Je levai la tête, furieux. Oh ! ma stupéfaction ! A un mirador une dame, la rose dans les cheveux, tenait un pavé semblable à celui qui avait manqué de me blesser. Elle ne parut pas me remarquer. Je hâtai le pas. Un peu plus loin une grosse pierre fut lancée d'une fenêtre; cette fois elle atteignit à la tête un gendarme. Le malheureux ! je le vis chanceler, la figure ensanglantée.

Ces projectiles, je comprends à présent, visent les représentants du gouvernement, ceux qui sont là pour faire respecter ses arrêts. Quand j'évitai ce pavé, je venais de croiser deux gendarmes, faisant leur ronde, à qui évidemment il était destiné.

Tramways et voitures ne circulent plus. Sur la *plaza San Fernando*, une affluence considérable. Il n'est pas très brave, tout de même, ce bon peuple espagnol. A un moment il se produisit une sorte de remous. On avait aperçu quelques fuyards, en réalité des gamins à qui trois ou quatre sergents de ville donnaient la chasse au pas gymnastique. Et tout de suite les badauds de se sauver, de s'affoler. Comme des mouches écartées d'un gâteau avec la main, les voilà qui se dispersent aux quatre coins de la place, s'embarrassent les uns dans les autres et se heurtent, tête baissée, à toutes les portes qu'on barre soigneusement à l'approche de cette marée. Puis, la première frayeur passée, comme les mouches toujours, ils reviennent à l'appât, mais par curiosité, eux, tandis que les mouches le font par gourmandise.

Devant l'hôtel, je croise un cheval sellé qu'on reconduit en main : son cavalier a été désarçonné.

Triste journée! Adieu la *corrida*! Il n'y a pas besoin de cela pour irriter davantage les passions. Elle est supprimée. Au moins nous sera-t-il possible de quitter Séville ce soir? Les express pour Madrid, à cette époque de l'année, ne partent que trois fois par semaine. Si nous manquons celui-là, il faudra attendre le suivant pendant deux jours, car on ne peut songer, pour un aussi long trajet, aux trains omnibus d'une lenteur désespérante.

Que faire à présent? Il n'est pas prudent de sortir; la ville n'offre aucune sécurité. Les étrangers sont réunis dans le *patio*, désorientés par cet incident imprévu, ennuyés, inquiets, regrettant les taureaux, désœuvrés enfin. Que dire? que résoudre? L'une ou l'autre parole morte tombe par hasard, sans faire plus de bruit, sans préoccuper davantage qu'une feuille d'automne dans un bois qui se détache de la branche.

Vers quatre heures et demie, le maître d'hôtel nous annonce que le calme se fait en ville. La circulation des voitures va être rétablie. Ah! quel bonheur! nous partirons, et instantanément un changement se produit dans notre manière d'être. La gaieté renaît, maintenant que cet horrible poids de l'incertitude est enlevé. Les yeux s'éclairent, les lèvres sont descellées et les conversations très animées, très expansives, comme il arrive après un long silence lorsque la menace qui l'imposait tout d'un coup vient à disparaître.

Monsieur l'Abbé avait comme voisine une jeune femme protestante, une étrangère. Moi, j'étais debout devant eux. Elle lui découvrait quelques coins de son âme qui me parurent fort intéressants à observer et, avec sa permission, je m'approchai. Pauvre femme! elle souffrait, malgré les joies de la famille, malgré les distractions récréatives du voyage. Un grand vide, un vide d'âme, la noyait de tristesse et d'inquiétude.

Elle avait été élevée dans un couvent français établi dans son pays — chez les Dames du Sacré-Cœur, si je ne me trompe — une de ces pensions mixtes où sont admises les jeunes filles de plusieurs religions, dans le but de leur faire connaître et aimer la France et... un peu aussi, je pense, le catholicisme. A sa sortie, elle manifesta le désir de devenir catholique. Ses parents y mirent obstacle ; jeune fille soumise et sans défense, elle se résigna. Elle était mûre pour la conversion. Depuis lors, de nouveaux obstacles, échelonnés sur le chemin de sa vie, éteignirent peu à peu sa dernière lueur d'espoir, dont elle porte le deuil.

Tant qu'elle a vécu, la Supérieure du couvent, une seconde mère pour elle, qui avait discerné la sensibilité exquise de cette nature, par ses avis, lui rendait dans ses lettres la paix et la confiance. Ces lettres, elle les a gardées comme des reliques et elle en porte toujours quelques-unes sur elle.

En caressant les cordes si impressionnables de la petite lyre qu'était cette âme de femme, elle avait trouvé, la bonne mère, l'harmonie de l'espérance.

— Si vous saviez, Monsieur l'Abbé, quelle élévation de pensées, quelle finesse de sentiments, quelle sûreté de jugement, quelle intuition et quel tact. quelle bonté chez cette religieuse ! Comme elle savait consoler, elle, et faire espérer encore !

Et là-dessus saigna la plaie de son âme qui coula dans ces paroles :

— La religion catholique est une religion consolante ; elle s'adresse au cœur, elle le remplit et satisfait ses aspirations. Ses symboles et ses sacrements sont si touchants ! La femme ne peut glorifier Dieu qu'ainsi. Là, elle trouve pour se sanctifier ce qui convient à sa nature, elle trouve de quoi se réconforter ; elle pratique sa religion avec ce qu'il y a de meilleur en elle, avec son essence même, en aimant. Au lieu que le protestantisme est une religion froide et austère, qui ne dit rien au cœur, rien aux sentiments, une religion décourageante.

Pour avoir été brisée à la racine, sa foi était morte — aujourd'hui elle ne croyait pour ainsi dire plus — mais rien n'avait germé à la place que des regrets, et sur ces cendres planaient souvent, comme des ombres sinistres, les remords, les inquiétudes au sujet de l'autre vie. Mais comment Dieu damnerait-il une creature si douce, si sincère ? Cela, je me refuse énergiquement à le croire.

Je laissai le soin à Monsieur l'Abbé d'éclairer et de panser cette âme si attachante, de continuer l'œuvre de la bonne mère du couvent.

Avec sa charité et son tact, ce rôle lui seyait à merveille.

Pour moi, très sensible à cet épanchement d'âme, j'éprouvai un légitime orgueil à entendre ainsi formuler, par cette jeune femme de religion étrangère, la supériorité du catholicisme auquel je me loue et je remercie Dieu d'appartenir.

Seigneur ! qu'elle se convertisse elle-même!

En route pour la gare ; voilà l'omnibus. La ville est calme. Elle semble fatiguée, désolée, et donne assez bien l'impression d'une famille mal remise d'un coup violent, l'impression d'un de ces intérieurs en deuil, d'où a été enlevé, il y a peu de temps, un être aimé.

Maintenant, dans la nuit noire, le train file vers Madrid.

MADRID

Une cérémonie nationale.
11 Mai.

Notre première visite fut pour l'ambassade. Nous avons été reçus de la façon la plus courtoise par le marquis de Sainte Marie, secrétaire de la légation. Lui-même nous adressa au recteur de Saint-Louis-des-Français.

Saint-Louis-des-Français est à Madrid un petit coin de la France. Des Lazaristes français desservent la paroisse et c'est là que l'ambassade assiste aux offices. Il y a encore une école, une espèce d'université et un hôpital dont la direction est confiée, partie à des Sœurs de Saint-Vincent-de-Paul, partie à des laïques, tous Français. Voilà en Espagne le sanctuaire de notre influence, notre asile. Et cela fait du bien, après trois semaines d'isolement, de fouler une parcelle du sol natal, échouée comme par miracle sous nos pas.

C'est un devoir pour moi, en même temps qu'un soulagement, d'exprimer ici toute ma reconnaissance, la plus sincère et la plus émue, à Monsieur l'abbé Georges, recteur de Saint-Louis-des-Français. Nous étions compatriotes ; cela joint à la dignité de mon compagnon formait entre nous un double lien très naturel. Mais il n'est pas possible de rencontrer chez un hôte un accueil plus franc, plus chaud, plus affable. Quelle bonté et quelle charité émanaient de ce prêtre !

En le remerciant des renseignements précieux qu'il a bien voulu nous donner, je serai heureux qu'il apprenne un jour l'excellent et inaltérable souvenir que deux Français, de passage à Madrid au printemps de 1900, ont conservé de lui.

Au retour de ces visites, la police arrêta notre voiture sur la *plaza Mayor :* « On ne passe pas. » Une foule compacte stationnait à l'entour de la place, et tout le long de la *calle Mayor*, un chapelet de silhouettes humaines égrené de chaque côté sur la lisière du trottoir annonçait clairement le passage d'un cortège. Le rassemblement se faisait de plus en plus dense à mesure qu'on approchait de l'église *San Isidro.*

Une procession, un grand enterrement, sans doute ? Nous attendîmes bien une demi-heure.

Enfin des gendarmes parurent qui écartèrent la foule. Après l'avoir fendue, ils dirigèrent leurs chevaux sur elle pour la maintenir dans l'alignement.

D'autres gendarmes arrivent, en rang, quatre par quatre, d'un pas solennel : c'est la tête du cortège. Puis se distinguent les formes blanches des surplis : le clergé qui psalmodie. Un intervalle, et quatre splendides corbillards se succèdent, traînés chacun par six chevaux noirs tout caparaçonnés.

Quel luxe jusque dans la mort, jusqu'après la mort! car ce sont les restes de quatre grands hommes, déposés provisoirement dans un caveau de *San Isidro*, qui sont transférés en grande pompe au cimetière où les attend un mausolée superbe : les restes de Melendez Valdès, de Moratin, de Donoso Cortès et de Goya, deux poètes, un philosophe et un peintre, qui tous les quatre glorifièrent l'Espagne.

Ils sont morts au cours de ce siècle, et deux d'entre eux, Moratin et Goya, fermèrent les yeux pour toujours en France. Le premier fut inhumé d'abord au Père-Lachaise entre Molière et La Fontaine, place symbolique, car on l'appelait dans son pays « le Molière de l'Espagne ».

Aujourd'hui, par le monument qu'elle leur a fait élever au cimetière, par cette cérémonie grandiose, la nation rend à leur mémoire un hommage officiel.

Les chars funèbres ressemblent à des catafalques : quatre piliers de bois noir, finement sculptés, supportent un dôme et aux quatre coins se dessinent avec un fort relief des statues de pleureuses. Le premier cheval à gauche est monté par un écuyer : culotte et casquette noires, cravache à la main ; le dernier porte le cocher en tricorne avec son fouet. Les chevaux des deux premiers chars, celui de Valdès et celui de Moratin, sont tout habillés de noir ; sur les autres des fleurs et des galons, jaunes pour Donoso Cortès et blancs pour Goya, éclaircissent un peu les draperies mortuaires. A droite et à gauche, des laquais en tricorne et houppelande noire tiennent de grandes palmes.

Des membres de la famille et des confrères du défunt suivent chacun des corbillards ; puis, quand ils ont passé tous les quatre. défilent les délégations officielles : musique municipale et musique de l'asile, qui se font entendre alternativement avec les chants liturgiques ; congressistes en pourpoint avec une espèce de scapulaire rouge et portant sur l'épaule un court bâton doré terminé par une lanterne ; sénateurs, académiciens, artistes, ambassadeurs, officiers, prêtres qui escortent l'archevêque.

Voilà le gouvernement : les ministres suivis de Monsieur Silvela, président du Conseil ; Monseigneur de Sion, chapelain de la cour et aumônier de l'armée, le marquis de Aranda, qui représente la Reine, le gouverneur de Madrid, coiffé du chapeau à claque et l'habit barré d'un grand cordon bleu. En queue viennent les carrosses royaux : des calèches haut suspendues, toutes rouges et relevées d'ornements d'or. Les cochers sont vêtus d'une livrée rouge à galons jaunes. Ces voitures de gala sont vides et c'est un grand honneur pour lui quand elles figurent dans un convoi.

Au bas de la *calle Mayor*, le clergé récite les dernières prières devant chacun des chars à mesure qu'il se présente, l'asperge d'eau bénite et se retire quand le dernier a disparu. Des voitures qui stationnent transportent les membres du cortège au cimetière ou les reconduisent chez eux, selon leur rang.

Ce fut une cérémonie fort imposante que celle à laquelle nous avons assisté : la revue, en grand uniforme, tout luxe déployé, de l'élite madrilène.

Le musée du Prado. — Murillo, Velasquez, Goya. — 12 Mai.

Dans la parure de Madrid deux diamants de la plus belle eau vous éblouissent tout de suite : Murillo et Velasquez. Sans contredit les musées d'Espagne figurent parmi les plus riches d'Europe.

Presque toute la journée je me promène au musée du Prado, bercé d'admiration en admiration par la splendeur de ces galeries. Quelle chaude, quelle bienfaisante atmosphère baigne l'esprit ! quelle radieuse lumière ! C'est pour l'imagination le pays du soleil où elle évolue, vivante, épanouie, heureuse, mûrie par les rayons d'or pour la jouissance pleine et entière ; — tout comme la colonie la plus favorisée de ce monde traverse doucement l'hiver, ainsi que dans un rêve, sur la Riviera ou sur les bords du Nil.

Murillo et Velasquez, par le nombre et le prix de leurs œuvres, jouent un grand rôle dans ce firmament de l'art. Ils occupent les postes d'honneur ; ils sont visibles de partout, comme la Grande Ourse, comme l'étoile du Berger, comme Saturne, la nuit, au-dessus de nos têtes, et, du premier coup, l'œil les découvre. Ribera, Cano, Zurbaran et le fantasque Goya gravitent autour d'eux. Et puis on voit s'allumer par-ci par-là des étoiles d'une autre couleur, d'une autre lumière, des constellations étrangères : Raphaël, Titien, Véronèse, Rubens, Van Dyck, Lorrain.

— Trois « Conceptions » de Murillo : un buste et deux corps entiers, enrubannés d'anges parmi lesquels se détache le croissant. Dans le portrait en buste ainsi que dans l'un des deux portraits en pied, les yeux sont éperdus d'extase tandis que les mains appuyées sur la poitrine semblent refouler le cœur prêt à bondir. Oh ! les ravissantes têtes ! si fines, si pures, si jeunes, transparentes d'innocence et inclinées avec quelle grâce ! Les cheveux qui retombent librement de chaque côté font, en l'encadrant, ressortir encore l'idéal qui se dégage de la physionomie.

La troisième Vierge, les mains en avant et les doigts joints, va s'envoler au ciel dont ses yeux reflètent l'azur. Son voile est bleu et sa robe d'un gris mat.

— « L'Apparition de la Sainte Vierge à saint Bernard ». En un coin de ciel où les anges se disputent la place avec les nuages, comme on voit, certains jours, ceux-ci jouer à cache-cache avec la lune ou le soleil dans une lutte de vitesse et de force, chacun voulant éclipser l'autre, apparaît Marie. De la main gauche au bout du bras arrondi elle fait un appui à l'Enfant-Dieu ; en même temps elle lui présente de l'autre main, entre deux doigts, la pointe de son sein.

Pour vêtement une robe rouge, d'un rouge passé, couleur pelure d'oignon comme le vin très vieux. Cette robe, en tombant, fait des bosses et des creux ; dans ses replis elle enferme l'ombre qui en dessine les contours. Une collerette gris-jaune a été chiffonnée autour du cou.

En bas, saint Bernard, agenouillé sous un ample manteau, lève les yeux vers sa Souveraine. Il lui témoigne de son respect par le geste : une main sur le cœur pour affirmer ses sentiments, l'autre tendue et ouverte pour les lui offrir.

— Encore une Vierge, « la Vierge du Rosaire » : la mère et l'enfant joue contre joue. Jésus sur les genoux de Marie lui passe son petit bras autour du cou. Existe-t-il une pose plus câline que celle-là ? Son corps brille en pleine lumière, rayé d'ombre sur la poitrine et sous le bras.

La grâce elle-même, cette fille chérie de l'art, seule a pu conduire la main de Murillo lorsqu'il peignit les trois scènes que je viens d'apercevoir, trois scènes délicieuses, les plus touchantes peut-être de la galerie. Rien que douceur et délicatesse ; enfants et moutons pour toutes figures ; rêve ingénu, prière et charité comme pensées. Et cela présenté avec quelle finesse de lignes, avec quelle légèreté de touche, avec quel goût dans la coloration !

Deux « saint Jean » avec une brebis ; et un groupe formé par Jésus et Jean, échangeant les doux services de l'amitié, connu sous le nom des « Enfants à la coquille ».

Devant chacune de ces toiles longtemps je m'arrête, et plus d'une fois j'y reviens, irrésistiblement attiré, comme fasciné.

Les yeux de ce petit saint Jean assis sur un rocher, dans une espèce de ravin, sont-ils assez inspirés! son regard est-il assez céleste! Le bel enfant, sain et robuste, bien membré, bien musclé ! Le cou, le bras droit et une partie de la poitrine ainsi que les jambes émergent d'un voile jaune, négligemment drapé sur le corps en apparence mais qui, en réalité, accuse une science admirable des plis. Et la couleur de ce voile ? encore une nuance nouvelle, une nuance intermédiaire entre des nuances connues. L'orange et l'abricot s'en rapprochent ; certains sirops, mélange de groseille et d'eau, la rappellent aussi. Mais ce voile jaune doré est d'une coloration plus vive, plus chaude.

Que d'innocence et d'amour affleurent à ces yeux envolés vers le ciel ! La tête se renverse, la bouche éclôt, la poitrine se gonfle sous la main qui la presse ; pensée, regard, lèvres et cœur s'offrent à Dieu. La terre pour cet enfant n'existe plus ; quelle immatérialité! Oh! la ravissante fleur d'extase ! Pour un peu on s'agenouillerait devant elle.

Le mouton à petits pas, de ses jambes sèches et grêles, malhabiles à plier, s'est avancé comme un aveugle tout contre l'enfant. Son haleine lui réchauffe la main. Il est impassible avec son œil sans expression, semblable à une eau dormante.

— Et l'autre « saint Jean », le tableau voisin? Un enfant potelé, tout frisé, avec une tête ronde comme une pomme. Il se repose parmi des ruines. A quoi pense-t-il? Oh certes à rien de mal ; la limpidité transparente du regard en répond. Ses yeux grands ouverts, francs comme un miroir, vont droit devant eux, inoccupés, insouciants, sans s'arrêter et sans rien distinguer ; ils promènent à travers l'espace le rêve indécis qui berce le cerveau, tandis que de la main, en s'amusant, l'enfant caresse par distraction la laine de la brebis debout à côté de lui. Et la bête immobile se laisse faire, comme engourdie, comme enchaînée par ce jeu des doigts. D'autres moutons là-bas sont occupés à paître. La robe de Jean est de même couleur que celle de la Vierge de saint Bernard : rouge pâle, fraise écrasée.

— Que dire de ce duo mélodieux que chantent à l'imagination Jésus et Jean en train de se désaltérer ? Peut-on concevoir une image plus gracieuse que celle-là ? Les deux enfants côté à côte ; Jésus approche des lèvres de Jean une coquille remplie d'eau. Celui-ci, un genou sur le rocher, l'autre ployé dans l'attitude de la prière et équilibré par la plante du pied qui s'appuie sur le sol, se penche et boit. Sa main à demi ouverte qui supporte la coupe à l'extrémité des doigts effleure celle de Jésus et cette coquille fait entre les deux chéris un trait d'union charmant. Pendant que Jean étanche sa soif, Jésus est légèrement incliné, — par prévenance sans doute, par déférence pour son petit camarade, mais il a l'air encore d'attendre son tour. Un instant, une minute, et il va lui aussi tremper ses lèvres dans la même coupe et absorber la part qui lui restera du même liquide. Comme il est mignon, Jésus, à exercer ainsi la charité, à faire preuve d'amitié ! Il y a dans sa pose une délicatesse exquise et aussi une mâle assurance.

Des gestes commencés, des mouvements inachevés, des courbes légères et imperceptibles ; rien de dur, rien de sévère, mais le naturel aimable, la faiblesse touchante et la gentillesse aussi du bas âge.

Les enfants, pour tout vêtement, portent une espèce de pagne autour des reins, de couleur pâle et discrète, en harmonie avec le sujet : violet passé pour Jésus et brun passé pour Jean.

Un mouton couché à terre rumine avec la plus complète indifférence ; au ciel des anges surgissent, qui regardent, qui admirent, qui se réjouissent, qui prient les mains jointes : c'est l'accompagnement céleste.

— Avant de quitter Murillo, je contemple « la Conversion de saint Paul ». Encore la même teinte, orange vive croisée de rouge, qui décorait la robe de Jean en extase. Ici, sur le manteau de Paul, opposée au bleu mat de son pourpoint — le bleu de la mer par un temps couvert — et renforcée par l'ombre des plis, elle parait plus éclatante. Et le geste du pécheur, renversé par terre, vers Dieu qui apparaît dans les nues, ce geste si simple mais si éloquent de la main tendue vers lui pour l'appeler au secours !

Mais voici poindre au firmament éclatant, déployé en ce moment au-dessus de nos têtes, un nouvel astre, brûlant celui-là, d'une intensité de lumière qui éblouit, qui aveugle. C'est Velasquez : un fougueux, le peintre des passions, des instincts, des sensations ; son pinceau fait déborder la vie partout où il passe.

— Regardez dans « la Forge de Vulcain » ces hommes demi-nus autour du fourneau qui brandissent le fer. Sont-ils assez vrais, assez vivants avec leur face congestionnée, leurs yeux dilatés et injectés de sang, leur nez pourpre, leurs muscles tendus, leur poitrine haletante ! La bouche s'ouvre pour laisser passage à une haleine chaude et sèche, qu'on croit sentir en contemplant ces hommes, tant ils sont réalistes... Oh ! ces lueurs rouges sur les figures, ces reflets sinistres qui les éclairent !

— Et « les Buveurs » ! cette autre scène populaire prise sur le vif, où la vie matérielle éclate dans les yeux, dans les gestes.

L'heure de la grosse joie a sonné pour ces hommes occupés à faire des libations, des ouvriers probablement. Ils s'accordent un plaisir deux fois savoureux après un long et pénible travail ; avec le repos ils boivent l'oubli. Voyez-vous cet homme à la face brune, comme badigeonnée d'iode, qui tient à deux mains une large coupe remplie jusqu'aux bords ? Il rit ; sa peau moutonne à la façon d'un lac agité par le vent, une foule de plis rident sa figure. Ses yeux flambent comme deux tisons, ses lèvres se disjoignent d'elles-mêmes en découvrant les dents et une farce erre sur sa bouche. Avez-vous jamais vu rire plus matériellement? La jouissance grossière et sensuelle monte tout entière dans les yeux et s'étale cyniquement. C'est le premier degré de l'ivresse : un bien-être inattendu coule dans tout le corps, qui le réchauffe, qui renouvelle la vie et transpire au dehors en allumant le regard. Il n'y a rien de meilleur pour l'homme du peuple, pour l'ouvrier fatigué ; il a souffert, il veut jouir. Le dimanche, dans nos villes et aussi dans nos campagnes, les auberges présentent de pareils spectacles. Cette toile en est une photographie, mais une photographie animée, éclairée par ce jour intérieur que l'artiste tire de lui-même et qui donne la vie à une image.

A côté de ce joyeux convive, quelle est cette divinité qui couronne un lauréat agenouillé à ses pieds? Bacchus, sans doute. Ses traits sont ceux d'un jeune homme. Son torse nu, blanc comme la craie, est inondé de lumière, resplendissant comme un astre. Je suis frappé par son regard : un regard que je reconnais pour l'avoir rencontré maintes fois et dont les détails ne me sont point étrangers.

Mon Dieu ! comme Velasquez possède le secret des physionomies ! A-t-il observé les hommes, étudié à fond le rapport de l'expression du visage avec les sentiments, pour reproduire chez ces personnages des regards et des sourires si connus et si saisissants! Plus la vie est intense, plus les impressions sont puissantes, plus il est fidèle à les traduire; soit qu'elles fassent explosion comme la foudre, terribles, fatales, soit qu'elles accumulent leur énergie et ne la dépensent que par petites parties, graduellement, avec le contrôle de la volonté.

Bacchus ici se montre sceptique et railleur. Des deux mains il pose sur la tête du lauréat la couronne de feuillage. Il fait cela par cœur, sans voir, et sa tête se détourne, arrogante de mépris. Il regarde du coin de l'œil, d'un mauvais regard, louche, ironique, provocateur, canaille. Sa bouche à peine fendue semble prête à siffler.

— Très réussie également l'expression de physionomie du marquis de Spinola dans « la Reddition de Bréda ». Il vient de remporter la victoire. Le duc de Nassau lui remet humblement les clefs de la ville. Avec quel sourire équivoque il les reçoit! On y lit d'abord la satisfaction intime causée par la victoire, le bonheur récent, tout neuf, qui à cette première phase est toujours fécond en généreux sentiments.

« Nous sommes trop heureux pour avoir le droit de n'être pas charitables (1). »

(1) Marcel Prévost : *Nouvelles lettres de femmes.*

La fierté légitime est atténuée par la condescendance et la pitié qui dictent ce geste bénévole avec lequel le marquis touche l'épaule de sa victime.

— « Les Menines ». La robe blanche de l'Infante, avec sa couleur écrasée, semble de satin. Il y a dans ce tableau un heureux effet de lumière : le jour filtre par une porte ouverte et se change en une poussière brillante, impalpable, éblouissante, comme fait sur une vitre un reflet de soleil.

— « Les Fileuses ». Les femmes sont partagées en deux séries par la lumière : les unes, dans l'ombre, offrent des têtes rouges ; les autres, bien éclairées, montrent des bras et des épaules d'une blancheur éclatante.

— « Saint Antoine abbé et saint Paul ». Dans le désert deux vieillards en prière. Mais quel désert ! Au fond d'une vallée escarpée coule un ruisseau bleuâtre entre des montagnes vert d'eau. C'est une nature fantaisiste aux tons pâles, genre assez familier d'ailleurs à Velasquez. On dirait d'un panorama au clair de lune, d'un décor de théâtre encore. Un corbeau vole droit sur les deux ermites. Il apporte de là-haut le pain providentiel qui leur sauvera la vie ; on le voit briller à la pointe de son bec.

Goya, par sa puissance, rappelle à de certains moments Velasquez. Il est d'une hardiesse étonnante, soit dans les proportions et les poses de ses héros, soit dans le choix des tons qu'il applique sur ses toiles. Il lui faut, pour se mouvoir, beaucoup d'espace; il travaille à grands coups d'instruments. Cette ampleur et cette violence dont il ne se départit jamais lui font quelquefois dépasser la vérité. « Sa manière de peindre est aussi excentrique que son talent : il puisait la couleur dans des baquets, l'appliquait avec des éponges, des balais; il truellait et maçonnait ses tons comme du mortier et donnait les touches de sentiment à grands coups de pouce (1). »

J'ai vu de lui une collection de portraits, des portraits surtout de la famille royale. Marie-Louise, de sombre mémoire, est venue plus d'une fois sous son pinceau. La voilà en uniforme de colonel, sur un énorme cheval, trapu, à encolure courte comme un taureau. La poitrine bombée, la physionomie provocante, elle semble très satisfaite de son escapade. Il y a dans ses yeux de l'orgueil, du mépris, de la méchanceté et une dureté qui trahit ce que lui reproche l'histoire. La voilà encore debout, vêtue d'une robe de soie noire, toujours hautaine. Je la retrouve entre l'inoffensif Charles IV au profil bourbonnien et les princes.

(1) Théophile Gautier.

Etrange peinture que celle de Goya ! comme recouverte d'une couche de vernis. Bon ! une autre anomalie là-bas ! Ce cheval que monte Ferdinand, est-il bleu, violet ou noir? Je n'ai jamais vu à cet animal de robe semblable en aucun pays.

Des scènes champêtres et populaires, de vraiés idylles, font le plus grand honneur à l'artiste. Je vois encore des combats, des échauffourées sanglantes.

Pourquoi faut-il que le temps, cet inexorable contrôleur de la vie, se mêle de hâter mes pas dans ces salons énchanteurs? Pourquoi les heures s'envolent-elles si vite, précipitant avec elles les jours qui les enveloppent? Ah! si l'homme pouvait régler le temps à son gré, suivant ses impressions en suspendre la marche ou bien l'accélérer! Mais autant vouloir arrêter la chute d'une cascade dont les gouttes d'eau, insaisissables comme les minutes, roulent entraînées par un courant irrésistible. Essayez seulement de suivre dans sa course une parcelle d'eau. Elle a fui avant que vous ne l'ayiez choisie, plus rapide que votre pensée ; et si vos yeux ont l'ambition naïve et insensée de la rattraper, tout de suite le vertige de la vitesse, en les éblouissant, les égarera. Que voulez-vous y faire? Ce sont là, le temps et la cascade, à l'esprit et aux yeux, des spectacles terrifiants. Ils révèlent une puissance fatale dont nous ne sommes point maîtres et contre laquelle échouent, avec un impossible douloureux, notre faiblesse et notre insignifiance.

Je viens d'entrer dans le musée, il me semble. En réalité, j'y suis depuis plusieurs heures. Bientôt on va fermer et demain ne m'appartient plus, pas davantage après-demain. Cependant que de constellations artistiques brillent encore ! A toute minute, je découvre une étoile nouvelle qui ravit mes yeux et apporte à mon âme tantôt le jour de l'au-delà, tantôt un rayon d'espérance.

— « La Madeleine » de Véronèse. Un livre ouvert sur un pupitre au-dessus duquel est découpée l'effigie du Christ ; par terre une tête de mort : voilà le mobilier. Madeleine médite, les bras croisés sur la poitrine. Le rebord des paupières enflées s'accuse fortement et dans les yeux reluisent des larmes bien longues à sécher, mélange de lumière et d'humidité. Telles on voit, en agitant une fleur, les perles de rosée qui tremblent au fond de son calice s'argenter sous les rayons du soleil ; telle encore, par une gaie journée de printemps, une averse ensoleillée qui se vaporise sur la terre.

— « La *Perla* » de Raphaël. Une sainte famille où Jésus a des yeux singulièrement intelligents et un petit air malin et joyeux.

— « Le *Spasimo* ». Là, quelles sublimes expressions de la souffrance ! aiguë chez la Vierge, tout à fait à son paroxysme. Qu'elle est amère ! Ce regard navré ! La bouche se dilate pour laisser échapper un cri strident, un cri formidable. Jésus est tombé sous sa croix ; ses yeux où paraît un abîme de détresse se tournent vers Marie qui lui tend les bras — pauvre mère ! — comme pour puiser à cette communion de souffrances la force d'achever son martyre.

Et cette autre image d'affliction sous les traits d'une jeune fille penchée au côté de la Sainte Vierge ! Oh ! le cuisant chagrin ! Chère petite ! comme elle souffre, comme elle a le cœur gros ! cela l'oppresse. La joue gauche est empourprée par le sang qui afflue à la figure sous la poussée de l'émotion. L'œil demi-clos, noyé de larmes brûlantes, est rivé à la scène douloureuse. Mon Dieu ! que c'est touchant ! A fixer cette physionomie si candide et si attachante, je me laisserais envahir, moi aussi, par le trouble.

— A noter encore entre cent merveilles quelques toiles célèbres du Titien.

« La Tentation de nos premiers parents. » Ici le serpent est un enfant, c'est plus poétique. Eve reçoit de lui la pomme fatale, mais sa figure s'altère. Sa conscience a crié et elle l'a entendue. Adam, lui, avec la main repousse Eve mais faiblement, si faiblement qu'on le sent vaincu par avance.

— « La Vénus d'Urbin ». Vénus, voluptueusement étendue sur un divan, s'abandonne aux douceurs du songe. Un jeune chevalier qui lui tourne le dos est assis devant un clavecin. Tandis que ses doigts effleurent les touches, comme par manière de désœuvrement, il détourne la tête pour contempler la belle rêveuse. Dans le fond on aperçoit un jardin français d'une régularité parfaite.

Un grand calme enveloppe cette scène. Curiosité, jouissance, rêverie et tentation sont maintenues dans les contours de la réserve. On devine plutôt qu'on ne voit; le mystère ralentit la pensée. Une déesse et un chevalier: deux personnages aristocratiques. Il y a de l'esthétique, de l'idéal.

— Vénus voisine avec un portrait équestre de « Charles-Quint » du même maître. Rarement j'ai rencontré pareil contraste. Là des teintes claires, noyées de lumière, discrètement voilées par places, ici des nuances sombres et austères; là une pose nonchalante, abandonnée, ici un corps armé jusqu'aux dents, enchâssé dans une cuirasse, raide et menaçant; là un rêve flottant, des notes de musique, un nuage d'indécision, ici une résolution implacable, du fer et de l'acier ; là on sourit, on aime, ici on craint et on frémit.

Il est superbe ce Charles-Quint, dans son type espagnol, avec sa face ovale qui se profile en avant sur le prolongement de sa lance. Quelle impassibilité dans ses traits et dans sa pose quelle rigidité ! Fièrement campé sur son cheval, le casque sur la tête, la lance à la main, il s'avance sans broncher, le regard fixe, comme poussé par la fatalité et fasciné par le but qu'il découvre droit devant lui, là-bas où il va.

Sur le fond noir du cheval et sur le fond grenat, très obscur également, de la housse et du panache scintille l'acier du casque et de la cuirasse. A sa clarté, nous découvrons le sens de cette équipée : l'Empereur marche à une nouvelle conquête.

La Puerta del Sol.

Les yeux sous le charme des caresses de Murillo, tout pleins de la vie exubérante de Velasquez, je sors du musée.

Les *Recoletos* et la *Castellana* présentent un long ruban d'équipages qui se prolonge dans la *calle de Alcala*. J'arrive sur la *Puerta del Sol*, au centre de la ville.

Dans l'organisme, tous les canaux sanguins partent du cœur et aboutissent à lui ; le cœur est le point de jonction des veines qui apportent le sang et des artères qui l'emmènent. La *Puerta del Sol* remplit à Madrid l'office du cœur dans le corps humain : les grandes artères de la capitale s'en détachent ou y débouchent; elle est le centre du mouvement, elle préside à la circulation.

Pareille à un astre qui déploie ses rayons aux quatre points cardinaux, elle figure au milieu de la ville un ovale — deux cents mètres de long sur cinquante de large — d'où partent dix rues.

Pensées, passions, vices et vertus de la population y germent comme dans une serre.

Les tramways et les voitures se croisent, se devancent, se rencontrent à angle droit. Il faut aller au pas et prendre beaucoup de précautions pour ne pas causer d'accidents. Les équipages, au retour de la promenade, passent par là. Les fiacres qui transportent les étrangers arrivent par chacune des dix rues.

C'est toute une affaire aussi que de marcher sur les trottoirs. Tout autour de la place ils sont coupés par les rues à leur embouchure, et sur les tronçons stationne une foule compacte et impénétrable. Cette masse, dans laquelle le sexe masculin domine de beaucoup, est immobile ou se déplace à petits pas, insensiblement. A peine si on la voit onduler, comme par une tiède soirée d'été la surface d'un lac qui frissonne sous la brise.

Les oisifs de la ville se rassemblent là et certes ils sont nombreux : chercheurs de nouvelles, faméliques du jour, avocats sans causes, artisans sans travail, simples badauds et surtout le personnel errant des ministères disgraciés, fonctionnaires de tout grade déchus avec leurs protecteurs, naufragés de la tourmente ministérielle. La *Puerta del Sol* est pour ces besogneux la salle des pas perdus où ils attendent le moment de rentrer en scène.

En Espagne, comme chez nous, comme partout, deux ou trois ministères se trouvent en présence avec leurs satellites, toujours les mêmes, prêts à ressaisir l'autorité qui leur a été ravie, guettant la proie et sapant sournoisement l'échafaudage administratif du jour. La politique est une roue qui tourne sans relâche et sur laquelle se succèdent, chacun à son tour, les amateurs du pouvoir.

Ici la chose est simplifiée. Deux concurrents, seuls, se disputent le gouvernement, avec deux drapeaux contraires : le cabinet Silvela sous l'égide conservatrice et le cabinet Sagasta avec la livrée libérale.

La *Puerta del Sol* fait l'antichambre de celui des deux qui est en disponibilité, en réserve. On y discute, on conspire, on prépare le poison subtil, on forge les armes qui doivent coûter la vie au rival détesté.

C'est que tout se tient et les révolutions ministérielles entraînent le déplacement de plus de vingt mille personnes. Toutes les fonctions, toutes les charges, jusqu'aux plus infimes, sont solidement soudées à l'administration supérieure et chaque crise gouvernementale se répercute, en y semant le trouble, dans chacune des classes. Alors la société de la *Puerta del Sol* se renouvelle complètement : les habitués de la veille ont disparu et on voit arriver une autre troupe semblable en tous points à la première. Le cadre du tableau reste le même, la disposition des personnages aussi ; seules les figures ont changé.

Le matin, le soir, la nuit jusqu'à deux heures, même spectacle, cette tache opaque sur la place. On n'y circule à l'aise qu'au moment des repas, vers une heure de l'après-midi et vers huit heures et demie du soir, car on mange fort tard dans ce pays.

Combien de rendez-vous, combien de rencontres inopinées aussi! Lorsque deux Espagnols de connaissance s'abordent, soit qu'ils échangent la poignée de main ordinaire, soit qu'ils s'embrassent, suivant le degré d'intimité, de la main libre ils se tapent amicalement sur l'épaule ou sur le dos. Cet usage enfantin fait partie du rite de la politesse et vous ne verrez jamais deux hommes qui se retrouvent manquer d'y satisfaire.

Comme j'ai de la peine à passer! Le flot humain quand il s'entr'ouvre semble un piège pour m'étouffer. Descendre sur le pavé, il ne faut pas y songer; les voitures rasent le trottoir. Et pour comble de malheur, quand je suis déjà si pressé, on m'offre encore pour me retarder des fleurs, des journaux, des programmes illustrés, des billets de loterie. La bonne aubaine pour les camelots que cette agglomération de gens inoccupés!

Brave peuple espagnol! qu'il fait bon flâner, n'est-ce pas?

Le musée d'art moderne. — Le réalisme du jour.

13 Mai.

J'entends la messe au Palais-Royal. La chapelle n'offre rien de remarquable. Elle est ovale et de petites dimensions. Vis-à-vis l'autel, à l'extrémité opposée, une loge vitrée à deux fenêtres : c'est là que Sa Majesté assiste aux offices. Aujourd'hui elle n'est pas descendue, l'aumônier a célébré la messe dans son oratoire privé.

Monseigneur de Sion officie, escorté de six chanoines en rouge revêtus de la *cappa*. A la tribune, un brillant orchestre exécute à grand renfort d'instruments de cuivre des morceaux religieux. Une très belle musique, mais tapageuse, avec des notes éclatantes; elle vous surprend, vous secoue, vous émotionne. Pendant le *Gloria* et le *Credo* j'ai pensé plus d'une fois être à l'Opéra.

A l'issue de la cérémonie, je me rends au musée d'art moderne.

Monseigneur de Bulach, secrétaire de la Nonciature, à qui une obligeante recommandation m'avait adressé, veut bien m'accompagner. Je suis très touché de cette attention délicate. Le distingué prélat, après avoir charmé ma route par sa société et sa conversation, devient pour moi au musée un guide d'élite et un initiateur précieux.

A lui je dois l'honneur d'avoir vu la Reine le même soir; c'est encore lui qui me donna pour un vicaire général de Tolède une lettre qui fit s'ouvrir devant nous toutes les portes. Je n'ai garde d'oublier de pareils bienfaits et des services si avantageux.

Du premier coup d'œil sur le musée se dégage une remarque importante : le choix des sujets, qui répond à merveille au génie du peuple espagnol, qui en interprète fidèlement les goûts, la nature étrange. Rien que des scènes dramatiques et terribles, des spectacles réalistes qui font frémir. Des morts, des agonisants, des cercueils entr'ouverts, des cadavres en décomposition, des blessés, des condamnés; des yeux hagards, des membres convulsés. La terreur plane dans ces salles, elle s'échappe des toiles.

L'Espagnol est ainsi fait : pas méchant, loin de là, seulement sa sensibilité, pour jouir, a besoin de vibrer; et le souffle discret et parfumé de l'amour pur ou du mysticisme, les images délicates et fines, ont vite usé leur puissance. Il lui faut le vent qui mugit, la tempête qui hurle et qui bouleverse tout ; elle demande à être broyée, meurtrie, tant est violent son appétit de sympathie. C'est un phénomène psychologique. Ce goût légendaire et passionné des *corridas*, cet attrait irrésistible pour le spectacle du danger, décèlent le même symptôme. Et dans les danses, cette précipitation sur la fin, ce tournoiement frénétique et vertigineux qui succède peu à peu aux pas savants et gracieux, n'implique-t-il pas, lui aussi, un besoin désordonné de s'étourdir, de s'affoler?

L'aimant de la sensibilité est émoussé, paraît-il, au cœur du peuple espagnol. Ses sens deviennent d'une exigence outrée.

Que faut-il en conclure? Y a-t-il là un signe d'atavisme, d'usure de la race? Un organe qui ne fonctionne plus dans les conditions normales est un organe détérioré ; un estomac qui ne digère plus les aliments qu'à force d'assaisonnement est un estomac délabré. Faut-il appliquer à la sensibilité, cette fonction immatérielle, la même loi? Ou bien devons-nous voir dans cette anomalie un effet du croisement compliqué des races qui a présidé à la formation des générations modernes? à l'inflence d'une goutte de sang barbare qui coule dans les veines, réfractaire à tout mélange ?

Comme mon but n'est pas de faire ici une étude psychologique, mais simplement de raconter ce que j'ai vu, observé et ressenti, je ne résoudrai pas le problème. Je me contenterai de décrire, pour appuyer ma remarque, deux ou trois de ces tableaux, ceux qui m'ont impressionné davantage. J'indiquerai ensuite le sujet de quelques autres. Ces toiles portent les noms de Rosalez, Pradilla, Carbonero, Alejo Vera, Amerigo, Santa Maria...

La plus saisissante, à mon avis, est le portrait de Jeanne la Folle. Oh! cette peinture terrifiante du délire! La jalousie de Jeanne la Folle est célèbre; elle lui valut son surnom. Et elle a survécu, cette passion implacable, à la mort du roi qu'elle a poursuivi par delà le tombeau.

L'épisode représenté ici est historique. Le cortège funèbre cheminait dans la campagne vers un couvent où on allait déposer les restes de Philippe le Beau. C'était la nuit. Jeanne, à la vue du monastère qui se découpe sur le ciel sombre au sommet d'une colline, tout à coup fut prise d'un de ces accès irraisonnés et furieux, d'une de ces crises nerveuses et effrayantes qui éclatent chez les monomanes. Elle fit arrêter le convoi : défense d'avancer.

Le pinceau de Pradilla a immortalisé cette scène. Par terre, sur un brancard, repose le cercueil du roi, tout chamarré, rehaussé de serrures et d'armoiries dorées. Deux cierges l'encadrent, plantés dans de grands chandeliers; le vent tourmente la flamme, il la tord et l'effile. Un moine agenouillé, le capuchon rabattu sur la tête, récite pieusement son office à la lueur d'un flambeau. A côté de lui, une jeune femme, d'une pureté de traits charmante, est assise sur un siège pliant; elle porte une robe jaune échancrée sur la gorge et laissant voir une petite croix. Sa tête est recouverte d'une sorte de capote. Sur ses genoux, un livre ouvert où se joignent ses deux mains témoigne d'une lecture interrompue. Sans doute elle avait levé les yeux pour méditer à la faveur du silence et des ténèbres sur les maximes qu'elle venait d'apprendre,... ou bien par simple distraction? Peut-être la caresse enveloppante du mystère de la nuit lui avait fait dresser la tête, dans un besoin de rêve paresseux, d'évocations vagues? En ce moment elle contemple la reine avec une expression de pitié respectueuse, calme et navrée.

Jeanne se tient de l'autre côté, à droite du cercueil. Elle est debout, le corps légèrement penché, les deux bras pendants, immobile comme une statue. Sous sa longue robe de deuil on dirait une ombre. Seuls brillent dans la nuit, avec un éclat sinistre et inquiétant, ses yeux hagards : tout blancs, démesurément ouverts et horriblement fixes. Ils éclairent la bière, comme deux torches funèbres ; ils la brûlent, ils la percent, ils l'embrasent, ils veulent la consumer.

Quelle attitude farouche ! Jeanne ressemble à une furie et les deux lueurs de son regard paraissent deux stigmates de remords.

Derrière elle, son escorte avec un peu de bois mort a allumé du feu, et la fumée, balayée par le vent, s'allonge dans les champs en montant insensiblement vers les nuages avec lesquels, de loin, elle se confond. Les suivantes de la reine ont l'air ennuyées de cette manie. Voyez-vous celle-ci qui ferme les yeux, le coude sur les genoux et la joue appuyée contre la main : elle est agacée, son corps se raidit. Sa voisine désœuvrée la regarde. Une troisième contemple sa souveraine avec une pitié teintée d'ironie. En voilà une autre qui présente ses mains au brasier pour les réchauffer. Les hommes debout, comme des soldats esclaves de la consigne, sont impassibles et résignés.

Dieu ! quelle veillée funèbre, par ce froid, en pleine nuit, dehors et sous la garde d'une extravagante ! Oh ! l'affreux cauchemar ! Combien de temps va durer ce caprice ? Personne n'en sait rien, mais personne ne bouge. Ils sont tous bridés par l'angoisse et paralysés par la terreur. Tout est à craindre de la part d'une folle et qui oserait assumer la responsabilité, en la contrariant, de déchaîner une tempête effroyable?

— Un autre tableau du même genre : « le Droit d'Asile » d'Amerigo. Le sol est feutré de neige. A droite, la muraille d'une abbaye saupoudrée de poussière blanche. Sous le porche antique apparaissent des moines effarés. Ils font un rempart de leur corps à un personnage affaissé à leurs pieds, effrayant à voir avec sa face convulsée, ses bras tordus, ses mains nouées, les yeux et la bouche béants comme un gouffre : un condamné qui est venu implorer sa grâce auprès des religieux au temps où les monastères bénéficiaient du droit d'asile.

Quelle peinture magistrale de l'effroi! Un volcan que cette figure ; le sang et l'écume vont jaillir, dirait-on, par tous les pores de la peau. Imaginez, si vous le pouvez, des traits plus contractés, plus horribles.

Un des moines tombe à genoux dans la neige, les bras tendus au-devant du bourreau ; le suivant lève la main d'où un doigt se détache — le geste accoutumé de l'apôtre — qui, en montrant l'inscription gravée sur le mur, prend le ciel à témoin de son privilège : « Droit d'Asile ». Le premier prie, le second prêche.

Et le bourreau qui arrive, escomptant par

avance le profit de son exécution, savourant la vue de sa proie, en présence de cet obstacle se révolte. En voilà une déception! Regardez-le : son corps fièrement campé sur ses jambes qui plongent dans la neige se cambre avec une allure de défi, la rougeur lui monte à la face et l'expression de son visage se fait terrible.

Par derrière, la pauvre femme du coupable, en délire, laissant glisser le long de son bras, les langes relevés, un enfant qui crie, agrippe de sa main crispée les vêtements du bourreau pour le retenir. Harcelée par l'aiguillon du danger, par le spectre de la mort, elle oublie tout. Elle ne voit plus que cet homme odieux qui menace son époux. Alors l'amour conjugal fait explosion dans ce geste spontané, sublime et affreux à la fois.

— Encore les larmes amères et la contraction suprême du désespoir dans « la Prise de Sagonte » par Alejo Vera. Cette jeune femme qui absorbe le poison, préférant la mort à la servitude : quelle désolation dans sa physionomie ! Toutes les appréhensions, tous les regrets qui ont combattu cette résolution finale, au moment où elle est sur le point de s'accomplir, se sont donné rendez-vous dans son âme et altèrent ses traits. Et cette autre femme, culbutée avec son enfant, qui gît là, en pleine lumière, parmi des flaques de sang!

— Plus loin « le Départ pour Cuba ». Le train est en gare et les enfants d'Espagne vont partir, pour toujours peut-être? — Vis-à-vis, à bord d'un bateau, un prêtre revêtu des ornements sacrés, gravit l'échelle, portant le saint viatique. Les cierges jettent une lueur discrète, symbole du deuil et de l'espérance en même temps.

— Toujours des spectacles lugubres. Isabelle la Catholique sur son lit, tout en blanc, les yeux mi-clos, va rendre son âme à Dieu. Une croix d'étoffe rouge décore sa poitrine. La main gauche s'attache faiblement au drap et la droite enseigne ses dernières volontés au notaire royal qui les écrit sous sa dictée. Un prêtre, une femme qui pleure. Quel recueillement dans cet adieu à la vie! Pieuse reine! la paix de sa conscience se communique aux assistants.

— « La Conversion de saint François de Borgia ». Un cercueil sans couvercle montre la face cadavérique de la reine, blanche et grimaçante sous les diamants. A cette vue le noble seigneur meurt au vieil homme. Sa tête et ses bras se posent sur l'épaule d'un ami, ses yeux se ferment et de sa bouche s'échappent ces paroles solennelles : *Nuñca mas, nuñca mas, servir a señor qui se pue mera mori.*

Tout cela est triste, singulièrement poignant,

du goût des Espagnols. Ces scènes sont rendues avec une vérité surprenante.

Dans ce pèlerinage à la représentation de la mort et de l'agonie, j'aperçois pourtant une éclaircie. Une note joyeuse détonne dans cette kyrielle funèbre : certaine démarche galante, très locale et très moderne. L'œuvre est de Santa Maria ; son nom : « Billet doux. » Dans le chœur d'une chapelle sont agenouillées deux femmes, la mère et la fille. L'une est absorbée par les oraisons qu'elle lit dévotement sur son paroissien. L'autre, la jeune fille, un coude sur l'appui du prie-Dieu, son livre à la hauteur du visage, regarde sa mère du coin de l'œil. Très fine cette physionomie, très mobile ce regard. La main gauche, celle qui est inoccupée, se retire par derrière. Qu'est-ce que je vois? Oh! la petite rusée! l'enfant terrible! Entre deux doigts de cette main qui attend, la vieille quêteuse — soixante-dix ans au moins — une femme de confiance s'il en fut, oubliant son tronc qui vacille, glisse un pli tout blanc.

Au fond de l'église, de l'autre côté de la grille, un jeune officier, sanglé dans son uniforme, le képi à la main, observe anxieusement l'issue de ce message.

Voyez-vous cette malice, ce joli péché! Tandis que la main presse le cher petit papier, les yeux ne quittent pas la figure de la sainte mère toujours en prière. Mon Dieu ! si elle allait lever la tête, se retourner et surprendre le flagrant délit ! Ils sont inquiets, ces yeux interrogateurs ; « vite, très vite » semblent-ils dire. Heureusement, ce n'est pas la première fois, l'expérience n'est point celle d'une novice et on peut augurer de son succès.

Et de voir cela m'amuse. La fleur de galanterie n'est pas fanée, au moins, dans le parterre des cœurs espagnols.

Une apparition royale. — Sa Majesté la Reine Régente et Alphonse XIII. — 13 Mai.

A quatre heures toutes les notabilités de Madrid se rendent à l'Académie royale d'Espagne, dans la *calle Felipe IV*, au coin du *Prado*. Une séance littéraire et artistique leur est offerte en l'honneur des quatre illustrations espagnoles, remises en pleine lumière par le transfert solennel de leurs restes au cimetière et par l'inauguration de leur tombeau : Moratin, Valdès, Donoso Cortès et Goya. La reine a accepté la présidence.

Des équipages galonnés s'avancent au grand trot, rasent le trottoir et s'arrêtent. Le valet de pied saute à terre et maintenant la portière ouverte s'efface devant le personnage qui descend: ministre, ambassadeur, prélat, fonctionnaire, auteur, artiste... Tous s'engouffrent précipitamment sous le porche, entre la double haie de curieux qui leur trace le chemin. Je salue au passage Monseigneur de Bulach qui accompagne le nonce. Ils sont tous reçus à la porte de la rue Philippe IV. Une autre entrée, par le jardin, est réservée à la Cour sur le *Prado*. Des tapis recouvrent les marches du perron et en haut se tiennent les autorités qui devisent en attendant Sa Majesté : les ministres, le préfet de police, le gouverneur de Madrid. Je distingue la figure anguleuse de Monsieur Silvela. Ils portent le chapeau à claque et l'habit brodé d'or avec un cordon bleu et blanc ou jaune et rouge en sautoir, et la main est fleurie d'un bouquet soigneusement enguirlandé.

Les grilles du jardin sont ouvertes. Le râteau a peigné tout à l'heure l'allée circulaire qui fait le tour de la pelouse et où va s'engager le carrosse royal.

L'arrivée de la reine est signalée. On a vu tourner sur le *Prado* les voitures de la Cour : trois landaus à train rouge avec des filets d'or sur les roues et des boîtes jaunes aux essieux.

Deux chevaux fringants les enlèvent, habilement conduits par des cochers dont le galon d'or attaché au chapeau se reconnaît de loin.

Le premier fait son entrée au grand trot, serré de près par le second. L'infante Isabelle, sœur d'Alphonse XII, en descend. Parmi les autres personnes on me cite la duchesse de Najera et la duchesse de San Carlos.

Un cavalier en grand uniforme, chapeau à plumes..., franchit la grille au galop. C'est le marquis de Sotomayor, majordome de la reine. De quelques pas il précède l'équipage royal.

Tous les ministres sont étagés sur les degrés du perron ; le président du Conseil, son bouquet à la main, s'empresse à la portière du landau. Les deux infantes, les premières, mettent pied à terre : la princesse *Maria de las Mercedes* et la princesse Marie-Thérèse. Elles sont vêtues de blanc. Très gracieusement, le sourire aux lèvres, elles tendent la main à Monsieur Silvela et gravissent les marches.

Voici le tour du jeune roi. Il porte l'uniforme des élèves de l'Académie d'infanterie, sorte de costume militaire vert foncé, avec les insignes de la Toison d'Or. Il est grand pour son âge — quatorze ans — mince et élancé. De très jolis traits, fins, déliés, moulés ; le teint pâle et une peau soyeuse, transparente, — on dirait du satin. Sa physionomie et son allure respirent une grande douceur, ce je ne sais quoi féminin qui amollit le contour des paroles et des gestes. Tant de charmes, tant de fleurs de jeunesse le feraient même paraître fragile si un repos assuré des traits, une possession complète de lui-même, un sérieux étranger à cet âge, ne trahissaient l'énergie de la volonté et la familiarité avec les graves idées.

Il est attachant, ce petit roi. A le considérer ainsi sur les marches d'un trône. à la veille de l'atteindre, par les temps troublés que le monde traverse, il a fait vibrer quelque chose en moi, quelque chose de très profond, jusqu'à la moelle de l'âme.

Je ne sais pas si vous êtes comme moi, mais quand je me trouve en présence d'un souverain — plusieurs fois déjà j'eus cet honneur — je suis singulièrement ému. Physiquement, il me semble que mon sang coule moins vite, que la vie reste suspendue : cela est le propre de toutes les émotions. Moralement je me sens pénétré d'un respect qui m'envahit, qui me domine et dont je ne suis pas maître. Oh ! certainement je serais capable de n'importe quel dévouement, de n'importe quel sacrifice pour celui qui sur moi prend un pareil ascendant. C'est comme un sentiment religieux qu'il m'inspire.

Devant le roi de Grèce, l'empereur d'Autriche,

la reine Victoria, la reine Wilhelmine, j'ai éprouvé cela.

C'est quelque chose de mystérieux, de sacré qui, pour moi, auréole le souverain d'un tel prestige : l'autorité, peut-être, qu'il tient de Dieu, renforcée par la transmission des générations. Et quand à son passage spontanément je m'incline, mon chapeau à la main, c'est tout moi-même qui se courbe devant lui. Et les regrets germent tout de suite que la France, elle, n'ait plus un roi à sa tête, les regrets et le désir.

Ici l'émotion s'avive de l'intérêt de la situation. En voyant ce jeune roi de demain, une impression m'étreint, la même qu'il y a deux ans au Vatican en présence du Souverain Pontife, une impression de pitié, d'angoisse, à mesurer la disproportion entre le poids énorme du gouvernement et les faibles épaules qui le supportent. D'un côté, un enfant très jeune, délicat, qui n'a pas encore réalisé la plénitude de ses forces ; de l'autre, un vieillard chez qui l'âge a sapé la vigueur et la résistance. Celui-ci a trop vécu, celui-là pas assez.

Enfin apparaît la reine régente, Marie-Christine, en robe mauve clair. Monsieur Silvela s'incline et lui baise la main.

Cette minute, toute ma vie je l'aurai présente. Dieu! quelle noblesse à mes yeux tout à coup se révélait. Ce fut un éblouissement, un saisissement.

La distinction : cette âme de l'âme, l'harmonie du corps et de l'âme, l'art dans la créature, la note mélodieuse de la personnalité, cette essence trop idéale pour se définir qui surprend, plaît, séduit, subjugue, impénétrable aux sens et à l'intelligence, aussi insaisissable qu'inimitable, le charme le plus exquis dans toutes les manifestations de l'être qui fait fleurir autour de lui l'attrait et le respect : si une fois elle a résolu de s'incarner ici-bas, c'est, je n'en doute pas, dans l'auguste personne qui se montre à mes yeux enchantés.

Quelle distinction souveraine ! Oh! ce sourire royal, fait de supériorité et de grâce, dont elle illumine, en les abordant, les ministres ! Intelligence sereine, intuition, jugement sûr, sensibilité délicate, bonté, indulgence, compassion : que n'y lit-on pas ? Il y a dans ce sourire une ombre de mélancolie qui le restreint pour ainsi dire, lui assignant des limites que jamais il ne dépasse. On devine les nuages amoncelés par les épreuves, les nuages de la préoccupation aussi, qui sur le ciel radieux de l'âme tamisent la lumière. La tristesse rend le sourire plus discret, et la discrétion n'est-elle pas encore un signe de distinction?

Le sourire de la reine, comme il a frappé ma

jeune imagination ! comme le peu de sens esthétique qui couve en moi, à ce spectacle, s'est ranimé! Souvent j'y ai rêvé au sourire de la reine.

Le sourire est à la personne ce que le soleil est à la nature : il l'éclaire; et quand la nature est belle il la fait resplendissante.

Marie-Christine est de taille moyenne, plutôt grande. On reconnait la fille de l'archiduchesse Elisabeth, si célèbre par sa beauté, dont Alphonse XII, après lui avoir présenté Madame Ratazzi, disait à celle-ci : « Eh bien! Marie, qu'en dites-vous? Est-elle assez belle, ma belle maman? Regardez-la bien; vous n'en verrez pas souvent comme elle. »

La plus parfaite harmonie réside dans la personne de Marie-Christine. Des cheveux blonds, pailletés d'argent, des yeux d'une expression incomparable ; la taille très fine, très souple, ondule à la cadence de la marche, et de tous les mouvements, de tous les gestes se dégage une élégance qui est la fleur la plus ravissante de la noblesse, la plus parfumée aussi.

Bien des fois, au cours de mon voyage, il m'est arrivé de parler de leur reine à ses sujets. Je suis trop heureux de pouvoir rendre à mon admiration pour cette souveraine le témoignage que pas une note discordante n'est venue l'amoindrir. Tous ceux qui ont approché Sa Majesté ont subi l'ascendant de tant de grandeur et dès lors lui restent fermement attachés.

Hommes du peuple, commerçants, compagnons quelconques de wagon, membres de l'aristocratie et de la bourgeoisie que j'ai interrogés m'ont tous fait la même réponse. Elle ne manque pas d'intérêt et elle ouvre un jour sur les arrière-fonds de l'âme espagnole.

— La reine a un tort, un grand tort.

— Lequel?

— Elle ne donne pas de fêtes, pas de réceptions au Palais; elle vit trop retirée et ne se mêle pas assez à son peuple.

— Est-ce là un regret que vous exprimez de ne pas la voir aussi souvent que le souhaiteraient votre admiration et votre dévouement pour sa personne, regret tout à votre louange d'ailleurs?

— Il y a cela, oui ; car Sa Majesté flatte au plus haut point notre amour-propre.

— Certes, il ne peut en être autrement ; mais vous semblez avoir une raison encore de déplorer le recueillement de son existence?

Alors la jeunesse madrilène vous jette étourdiment à la figure des phrases comme celles-ci :

— Nous voudrions être reçus à la Cour. Ce serait si gai parmi ce luxe et cette pompe, en plein épanouissement de richesses et d'agréables manières. Nous nous ennuyons ; il nous faut de la distraction.

Et leurs yeux pointent là-bas, vers le Palais-Royal, tout humides d'envie comme ceux des alouettes qui bientôt vont tournoyer au-dessus du miroir. Voilà pour l'aristocratie.

— Très bien ; ceci est une confession, l'aveu d'un péché mignon — oh ! très mignon — mais dont vous-mêmes êtes coupables et non pas la reine ; un péché de race, une sorte de péché originel, bien pardonnable.

— Et puis, les salons royaux, s'ils étaient ouverts, répandraient sur le peuple une pluie d'or par toutes les commandes qui en résulteraient, tout le travail mis en mouvement. Quelle mine féconde offerte aux patrons et aux ouvriers !

Tout cela était dit légèrement, à fleur de lèvres, en manière de badinage ; mais aussitôt après, et sur un ton sérieux cette fois, comme l'expression d'un sentiment qui tient aux racines de l'âme, d'une conviction sincère, avec une parole ferme qui est sûre de ne pas faillir parce qu'elle est trop solidement nouée à la pensée, suivaient des déclarations de ce genre :

— Ah ! par exemple, c'est une digne souveraine. La médisance pas plus que la calomnie n'ont jamais trouvé de place vulnérable où s'attacher à elle. Elle a été sublime dans le malheur, héroïque devant l'adversité. La conscience et l'honneur sont les deux flambeaux qui éclairent sa route. Indépendante de tout parti et de toute coterie, elle ne connaît que la ligne droite, la ligne du devoir. Elle a fait du bien à l'Espagne.

Jusqu'à ses ennemis — j'entends les ennemis de la dynastie — qui rendent à ses vertus l'hommage le plus loyal. J'ai eu un long entretien, en chemin de fer, avec un général carliste, vibrant de foi politique, qui m'annonçait l'avénement prochain du fils de Don Carlos avec cette confiance aveugle que donne en son succès le dévouement éperdu à une cause.

Il me rappelait en parlant, ce général, nos légitimistes français, ceux d'autrefois, vieille roche et intransigeants. Eh bien! parmi une grêle d'insultes versées sur les têtes du parti adverse, de lui-même il ouvrit une parenthèse et abrita celle qui en est la personnification la plus élevée dans le sanctuaire d'une vénération profonde. J'en fus surpris et ému.

Quelle grande reine tout de même! Faut-il que son prestige soit puissant pour n'être pas ébranlé par le torrent de la passion! Personne plus que Castelar, l'une des têtes du parti républicain, n'a servi, par déférence pieuse, la cause de Sa Majesté. Devant elle les chefs ennemis désarment.

Peu de pays ont, il me semble, une âme aussi zébrée, aussi nuancée que l'Espagne. A l'exemple de sa configuration physique, sa pensée politique est morcelée à l'infini. Les partis pullulent : grands et petits qui gravitent par groupes ou isolés autour de quelques idées maîtresses. Il y a les conservateurs et les libéraux, les carlistes, les républicains, puis les fédéralistes, les régionalistes, les catalanistes, tous partisans de la réorganisation de l'Etat et de l'autonomie des provinces. Eh bien! je crois ne rien exagérer en disant que l'équilibre actuel de l'Espagne repose sur l'autorité de Marie-Christine.

Reine admirable et mère non moins admirable ! Deux titres qui s'appuient l'un sur l'autre. Elle poursuit, cette auguste souveraine, un but unique : conserver la couronne à son fils et le préparer, lui, à la porter. A cette œuvre grandiose, la conscience et le cœur embrassés, elle consacre les dons merveilleux qu'elle a reçus de Dieu.

A l'aube de son règne, toute jeune encore, déjà veuve et sans expérience, forte de sa tendresse maternelle non moins que de son intelligence et de son énergie, elle fit un dur apprentissage du pouvoir. Ses premiers pas furent guidés par le plus sûr, le plus fidèle et le plus dévoué des amis : Canovas del Castillo, chef alors du parti conservateur. Tantôt à la barre du gouvernement, tantôt mis à l'écart, selon la saison politique et les marées populaires, il n'a cessé dans l'un et l'autre cas d'exercer auprès de Sa Majesté le rôle de conseiller, avec un tact et un désintéressement qui en font à la fois une grande et une douce figure.

Tout de suite la régente manifesta une aptitude remarquable au maniement des choses publiques; en même temps sa supériorité morale en imposait à tous.

On oublia qu'elle était étrangère tant elle confondit avec ceux de son peuple ses propres sentiments et ses propres intérêts, jusqu'à les identifier. Récemment encore, dans les revers de l'Espagne, elle a donné par sa douleur aussi profonde que sincère une preuve incontestable de cette fusion des cœurs.

D'un sérieux peu commun, irrémédiablement touchée par le malheur, anxieuse de l'avenir, elle est très renfermée. Sans nuire à ce qu'elle doit au gouvernement, la vie de famille absorbe une grande partie de son temps. Elle ne néglige rien pour faire de son fils un prince modèle, à la hauteur de sa mission.

Alphonse XIII, fort instruit déjà, parle assez bien le français, l'anglais et l'allemand. Il sait à fond l'histoire d'Espagne. Le temps pour lui est enchâssé dans un plan de vie aussi complet que bien ordonné, tramé d'exercices du corps et de l'esprit harmonieusement combinés.

Le prince se lève à sept heures : toute la matinée est consacrée au travail coupé par une heure d'équitation entre dix et onze heures. A midi le déjeuner, suivi d'une leçon d'allemand ou de dessin. De deux heures à quatre heures et demie promenade, puis goûter et classe d'histoire et de littérature jusqu'à sept heures. Après le dîner en famille, pour se reposer, l'infant demande un peu de rêve aux notes du piano et se retire dans ses appartements à neuf heures.

Voilà, je pense, une journée bien remplie. La journée du petit roi, je la propose comme exemple à beaucoup d'enfants, à beaucoup d'hommes aussi. Elle est une éloquente réponse aux accusations d'oisiveté, malveillantes et hypocrites, que leurs ennemis sont accoutumés de porter contre les souverains et les grands.

En somme, d'après les opinions que j'ai recueillies, la monarchie en Espagne paraît bien assurée. Le prestige de la régente qui rejaillira, j'aime à le croire, sur son fils, dans deux ans à sa majorité, la garantit. De plus, les partis hostiles sont trop nombreux et disséminent trop les forces pour que l'un d'eux puisse s'imposer aux autres.

Daigne Sa Majesté vouloir bien agréer, pour Elle et pour l'illustre prince qu'elle destine à l'Espagne, les vœux très humbles mais très ardents d'un jeune Français ! Ils sont nés, ces vœux, dans l'effusion d'une admiration suprême, d'un respect religieux pour son auguste personne, pendant cette minute supraterrestre où elle m'apparut, une minute dont je ne perdrai jamais le souvenir, oh jamais !

Quand à l'issue de la séance la reine et les enfants royaux, dans le landau de la Cour, franchissaient la grille du jardin, je me trouvais là tout seul escorté d'un agent de police. La foule avait été repoussée plus loin. Au passage de la voiture je me découvris avec une véritable émotion et en levant les yeux je vis la reine qui inclinait légèrement la tête et Alphonse XIII, la main au shako avec la paume en dedans comme c'est l'usage ici, qui me rendait mon salut.

Au spectacle. — Le théâtre de la Zarzuela:
« Gigantes y Cabezudos ».

En Espagne les théâtres fonctionnent autrement que chez nous. La soirée est partagée en quatre parties — quatre sections — et quatre pièces d'un acte, qui durent environ une heure chacune, la remplissent. A toutes les sections, l'assistance change. La première représentation a lieu généralement vers huit heures et demie et la dernière vers minuit.

Je me fais conduire ce soir au théâtre de la *Zarzuela*. Ce nom désigne un genre de pièces, mi-partie poésie, mi-partie musique, inauguré dès le XVIIe siècle au Palais-Royal du même nom, puis abandonné et repris. Il a beaucoup d'analogie avec notre opéra comique. La *Zarzuela* fut divisée en quatre actes qui faisaient comme autant de pièces, le public se renouvelant à chacun. On lui donna dès lors le nom de *Chico*. Aujourd'hui la mode tend à jouer quatre pièces différentes d'un acte.

Neuf heures et demie. L'assemblée de la première section évacue la salle. Le spectacle annoncé pour la seconde représentation se nomme: *Gigantes y Cabezudos*. Le livret d'Echegaray et la musique de Fernandez Caballero : deux notabilités qui commandent à ce siècle dans le domaine de la littérature et des arts.

A un signal donné, la foule qui faisait queue jusque sur la place s'engouffre dans la salle, à la façon d'un torrent devant lequel on a ouvert les écluses.

Le rideau se lève et découvre un marché avec de jolies filles pour vendeuses. Les voilà qui s'interpellent à la suite de je ne sais quoi, se lèvent, se jettent les unes sur les autres et en viennent aux mains. La police arrive. Mais ces femmes en fureur ont vite raison des sergents timides. Elles les décoiffent, elles les désarment, et les malheureux ne sachant plus où donner de la tête s'enfuient affolés. Il y a là évidemment une satire contre la police.

Une jeune fille — une des jolies marchandes — s'avance au bord de la scène et déchiffre avec peine une lettre qu'elle tient entre ses mains. Une lettre de son *novio* ? je m'en doute ; voilà l'intrigue. Les autres veulent la lui arracher. Bon ! elles sont jalouses. Il y a surtout une vieille duègne qui se démène comme un diable. Paroles et chants alternent, pressés, saccadés ; cela marche à la vapeur. Le rideau tombe pour se relever aussitôt.

Le décor a changé. Sur le pont de Saragosse des musiciens défilent, réveillant les échos de céans, et suivis par une bande de jeunes filles.

A présent une danse. L'attention redouble : l'Espagnol aime tant la danse et dans ce pays on danse si bien ! Une famille d'abord fait la chaîne. Tous se tiennent par la main depuis un bébé de cinq ans jusqu'à un grand-père et une grand'mère octogénaires, en passant par une fillette de huit ans, la mère, le père et un oncle d'âge intermédiaire. Ils dessinent un demi-cercle au fond du théâtre. Surviennent un jeune homme et une jeune femme. Ils arrivent sur la scène en courant, la main dans la main, saluent et se séparent. A tour de rôle ils exécutent avec les jambes, avec les hanches, avec les bras, les pas et les poses les plus gracieux, puis des sauts, des bonds de jeunes jaguars. Ils dansent tous deux en même temps, ils dansent autour l'un de l'autre, les yeux baissés ou détournés ; soudain ils s'arrêtent et se regardent en dessous comme pour se narguer, pour se provoquer. Ils tournoient derechef comme deux étrangers et ils se regardent encore, plus franchement cette fois. A mesure qu'ils se rapprochent, à mesure que les aveux sont plus significatifs, les consentements plus formels, la musique s'anime, la danse s'accélère et c'est à la fin un vrai tourbillon.

Alors la famille qui encadre les deux artistes

se met à évoluer. Les anneaux de la chaîne se déroulent et on voit les personnages tantôt danser pour leur propre compte, tantôt se faire vis-à-vis.

A de certains moments le grand-père choisit comme partenaire son petit-fils, le bébé de cinq ans. Est-il assez mignon, ce chéri, quand il recommence avec lui la même mimique que le jeune couple! Le grand-père déploie lentement et majestueusement ses longues jambes ; l'enfant, lui, saute comme un petit chat, mais parfaitement en mesure. Il passe entre les jambes de son aïeul et vient, la tête penchée, le sourire sur les lèvres, mirer ses yeux dans ceux du vieillard, comme tout à l'heure faisaient ensemble le *novio* et la *novia*.

Quoi de plus touchant que cette rencontre, après maintes fantaisies, des deux extrémités de la vie ? On peut y découvrir des symboles, mais je suis tout au charme du tableau et n'imagine rien au-delà.

Le spectacle se termine par une procession : une croix, des bannières, des statues et la foule qui chante les hymnes. Là-dessus le rideau se baisse et bien vite il faut laisser la place à ceux qui attendent notre départ derrière la porte pour assister à la troisième représentation.

Très couleur locale et d'une variété fort agréable, cette pièce. Ces scènes populaires m'ont fait connaître davantage le bon peuple au milieu duquel je vis depuis tantôt un mois.

Au Palais-Royal. — Le relèvement de la garde. L'Armeria. — Les Ecuries. — 14 Mai.

Onze heures du matin, dans les parages du Palais-Royal. Il m'arrive aux oreilles des échos d'une marche militaire. Les soldats, la musique : deux distractions dont les touristes sont très friands en pays étranger. Je me hâte du côté où j'entends le son des instruments.

Sur la Place d'Armes du Palais-Royal, vaste esplanade qui domine le Manzanarès, commençait la parade militaire exécutée pour le relèvement de la garde. Les deux détachements, l'ancien et le nouveau, sont en présence. Celui-ci vient d'arriver. J'entre en même temps que les derniers soldats qui avancent l'un derrière l'autre sur une longue file d'uniformes et d'armes. Infanterie, cavalerie et artillerie sont représentées. Des dragons, tout bleus et galonnés de blanc, caracolent, superbes de désinvolture, pour transmettre les ordres, Les deux officiers commandants, celui de l'ancienne et celui de la nouvelle garde, vont à la rencontre l'un de l'autre et se saluent de l'épée. Chaque poste du palais est alors relevé; fusil contre fusil, les soldats échangent la consigne. Ces mouvements précis et élégants, brefs comme la discipline, reflètent la grandeur du devoir et la noblesse du courage. Chacune à leur tour, les deux gardes font entendre un morceau ; la dernière joue l'hymne national. Le défilé de la première et c'est fini.

On ouvre alors les portes de l'Armeria. Un bataillon de poupées bardées de fer. Des armures de toute époque pour les tournois, pour les juntes, pour les guerres, qui ont affronté les champs de bataille et repoussé la mort : casques, boucliers, cuirasses, braconnières, jambières, selles, lances... de Philippe le Beau, de Charles-Quint, de Philippe II... Quelle montagne d'acier, toute damasquinée, relevée de fines broderies d'or et d'argent, mélange étonnant de blocs terribles et de détails charmants.! Des filets d'or, des étoiles, des figurines, miniatures de luxe, ornements de salon, sourient sur la livrée de la grande épouvante. Quel contraste cela fait, quelle ironie ! On se battait galamment dans ce temps-là. Pas besoin d'un grand effort d'imagination pour animer toutes ces armures, pour entendre le choc terrible, le grincement sonore du métal, pour revivre les batailles passées !

Un peu plus tard, revenus à la réalité, à l'ère présente de paix qui semble commander à l'Europe, nous traversons les écuries royales. Des chevaux en vie cette fois et pas blindés, pas armés jusqu'aux dents comme ceux de l'Armeria. Beaucoup de petites bêtes, de poneys arabes, l'œil vif, le poil fin, la crinière dressée, frémissants d'impatience.

Dans les selleries, vrai musée de mors, de colliers, d'œillères, j'ai beaucoup admiré un harnais de grand gala, noir et rouge, ramagé d'or, pour quatre paires de chevaux, des couvertures orientales toutes bigarrées, présent des monarques d'outre-mer...

Et les remises ! je n'ai pas compté moins de vingt carrosses de gala : d'antiques calèches de bois, qui ressemblent à des chaises de poste, aux panneaux historiés. Une de ces voitures, en bois noir sculpté sans aucune note claire, détonne parmi elles : le carrosse de Jeanne la Folle. Il sert pour les convois funèbres.

Quand nous quittions le Palais, avant de nous séparer, j'échangeai ma carte avec un jeune étranger. Nous avions fait ensemble plusieurs excursions. Très gracieusement il m'offrit l'hospitalité dans le cas ou je visiterais un jour son pays. Je lui rendis de grand cœur sa politesse.

Il prit ma carte, la glissa dans son portefeuille après l'avoir bien examinée et me dit :

— C'est entendu ; et je vous mettrai dans mon *cercueil*.

A ce mot je le regardai avec stupeur. Voilà une singulière façon de pratiquer l'hospitalité, pensai-je ? Il vit ma surprise.

— Peut-être ai-je mal dit, mais je parle au figuré.

— Soit, cependant je ne vous comprends pas.

Il réfléchit : — Ce n'est pas cela ; je veux dire que je vous mettrai dans mon *écueil*.

Je lui répondis par un geste de doute.

— Oh non ! dans mon *recueil*.

Sur ce mot nous nous sommes serré la main avec l'espoir de nous retrouver quelque jour en France... ou ailleurs.

Une corrida.

Enfin ! Rien à l'horizon, aujourd'hui, pour faire échouer la *corrida* annoncée. Deux fois déjà ce spectacle m'avait été promis, deux fois ma curiosité fut allumée, et au dernier moment un obstacle imprévu était survenu : à Séville un soulèvement populaire et ici, il y a deux jours, la pluie.

Rendu méfiant par de si fâcheuses déceptions, jusqu'à la fin je tremble de voir s'évanouir encore le rêve exaspérant. Il ne sera pas dit pourtant que je quitterai l'Espagne sans avoir assisté à une course de taureaux. Quelle sottise ! j'aurais honte de rentrer en France avec une pareille lacune à mon voyage.

Vers une heure de l'après-midi le soleil se cache et des nuages gris, plus maussades que méchants, barbouillent le firmanent. Bon ! cette éclipse de l'astre éteint du coup ma gaieté et de vilains nuages aussi, ceux de la préoccupation et de l'ennui, assombrissent mon esprit. Combien de fois ai-je levé les yeux vers le ciel, non pas pour penser à l'éternité, mais bien aux heures prochaines, grosses pour moi d'un si ardent espoir !

Enfin après un échange d'ordres et de contre-ordres, on publie à trois heures et demie que la *corrida* aura lieu. Oh bonheur ! A grands pas je m'achemine vers la *Plaza de toros*.

Quelle animation présentent les rues à présent ! celles du moins qui sont orientées à l'ouest, vers le cirque, de l'autre côté des *Recoletos* et du *Buen Retiro*, car le reste de la capitale est absolument mort : magasins fermés, maisons closes, silence profond, passants solitaires. Dans la rue d'Alcala, le canal central de Madrid, c'est un fourmillement extraordinaire d'équipages, de calessines, de fiacres, de tramways, d'omnibus, de charrettes, enlevés par des chevaux et des mules accouplés ou disparates, en flèche, en arbalète, à la daumont. Tout ce que la ville compte de véhicules est mis ce jour-là au service des *aficionados*.

Il faut voir ces caisses grossières traînées par des compagnies de mules pompeusement harnachées, enjolivées de houppes, de rubans, de drapeaux, de panaches, qui font tinter les clochettes suspendues à leur cou, et dedans, le bon peuple qui s'en va cahoté, rudoyé, mais la joie dans le cœur tout de même, au spectacle de son goût.

Des cavaliers se faufilent entre les rangs serrés des voitures. Des landaus armoriés conduisent l'aristocratie madrilène et les étrangers se débattent avec les cochers de fiacre qui demandent des prix exorbitants. Sur les trottoirs, de chaque côté, la foule des piétons et des curieux fait une immense tache bigarrée.

Tout Madrid est là, emporté dans ce tourbillon, en pleine confusion de classes et d'opinions, d'âge et de sexe, avec précipitation, comme des matières roulées par un torrent.

Une *corrida* : le combat corps à corps d'un homme et d'une bête furieuse, des coups soumis à une loi minutieuse, la loi de la tauromachie, le duel de l'adresse et de la brutalité, quelle vibration nerveuse cette perspective communique aux Espagnols ! quelles images passionnantes elle allume devant leurs yeux !

Par des petits couloirs, multipliés et trompeurs comme les galeries des catacombes, je pénètre dans l'enceinte sur les gradins, les *tendidos*, et je trouve avec beaucoup de peine le numéro indiqué sur mon billet. Un espace circulaire, plutôt ovale, avec le ciel pour coupole, encadré dans une série de bancs de pierre étagés où peuvent s'asseoir douze mille spectateurs et couronnés en haut par des loges couvertes : voilà ce qui frappe ma vue. Il y a peu de monde encore, mais à chaque minute et partout on voit surgir sur les gradins, par des orifices imperceptibles et répétés comme ceux d'une ruche, des spectateurs qui défilent le long des degrés, en montent ou en descendent quelques-uns, jusqu'à ce qu'ils aient atteint leur place.

La moitié du cirque est en plein soleil, le reste à l'ombre : d'où la différence de prix des sièges qui, sans cela, sont les mêmes de l'un et de l'autre côté. Le peuple se grille au soleil, tandis que la société « select » s'échelonne dans le domaine de l'ombre, sur les premières places. Les loges se remplissent, asile du luxe et de la beauté. En face de moi une mantille blanche attire mes yeux. Quelle poétique étoile cela fait à l'horizon sombre des vêtements de l'assistance, foncés pour le plus grand nombre ! Et la jolie figure qu'elle encadre, une figure mate, éclairée par des yeux de jais. Pour compléter la parure, deux roses, rouge et jaune, fleurissent, l'une à la tête, l'autre sur le cœur.

Si tout à l'heure il coule du sang par terre, je saurai au moins où reposer mes yeux, où les abriter.

Deux autres mantilles blanches dans une loge près de moi et dessous, deux charmants visages de jeunes filles. Il y a bien encore quelques points blancs par ci par là. Les loges sont garnies de femmes en toilettes claires ; sur les *tendidos* les hommes dominent. Au centre de l'hémicycle, à l'ombre, s'élève la loge royale toute tapissée, vide aujourd'hui. Elle est flanquée à droite de la loge de *l'ayuntamiento* (du président : l'alcade ou son délégué) qui de là-haut dirige le combat en élevant ou en abaissant un mouchoir. Vis-à-vis, un carré de gradins réservé à l'orchestre. En bas court un couloir circulaire contenu par deux barrières et qui sert de refuge aux *toreros* en cas de danger.

Quatre heures et demie. Quelques notes de musique sonnent dans les instruments de cuivre, les portes de l'arène s'ouvrent et voici arriver au galop, drapé dans un long manteau noir, une plume s'agitant sur sa toque, un brillant cavalier. Il salue le public avec grande cérémonie et arrête son cheval juste sous la loge de *l'ayuntamiento*. A sa suite apparaissent les *toreros*. J'en compte huit, tout dorés, étincelants. Oh ! les splendides costumes ! Pour coiffure, une toque noire, ovale, fendue au milieu, garnie de boules d'astrakan et posée transversalement sur la tête : on la nomme *montera*. Par derrière flotte au bout d'une houppe une petite queue. Sur une chemise à jabot s'étale une ceinture soutachée d'or et, par dessus, une veste en velours, brodée et ramagée, aux nuances vives : trois vertes, deux violettes, une rouge, une brune et une noire. Le mollet bien pris dans des bas roses que découvre une culotte courte, les pieds chaussés d'escarpins, ils sont d'une rare élégance, ces *toreros*. Avec quelle grâce ils se présentent, grands, minces, bien découplés, d'une agilité surprenante !

Les *toreros* se décomposent en *chulos* : ceux qui éploient le manteau rouge sous le nez de la bête affolée ; en *banderilleros* : ceux qui plantent dans son cou les flèches enrubannées ; et en *espadas* : les héros qui, l'épée au poing, luttent seul à seul avec l'animal.

Voilà aussi les *picadores*, coiffés du large « sombrero » d'où pendent des faveurs multicolores et emprisonnés dans des selles profondes et dans de larges étriers à sabot, sur des chevaux efflanqués. Ils portent des pantalons de peau de buffle avec des molletières jaunes. Le défilé se termine par trois mules toutes pomponnées que conduisent des garçons de service, fouet en main. Elles traînent une longue corde munie d'un crampon de fer.

La présentation faite, le président laisse tomber de sa loge la clef du toril. Le cavalier qui attend s'en empare et la jette à un vieil aveugle en pourpoint rouge qui s'en va ouvrir l'écurie des taureaux. C'est le signal du combat, et par une des portes disparaît le cortège.

Six taureaux doivent être offerts au public, six taureaux de *Conradi*, excellents, de toute première qualité, dit le programme.

Pour la seconde fois les battants des portes se renversent, livrant passage à un taureau blanc. Il arrive en galopant, leste, superbe, et après plusieurs bonds s'arrête, grisé de lumière, ébloui, indécis. Deux picadores, sur leur monture, l'attendent la lance au poing. Des chulos éparpillés, la *capa* sur le bras, émaillent l'arène. La bête renifle plusieurs fois, secoue violemment la tête et tout à coup fond sur le cheval le plus proche. La corne a pénétré dans le flanc, avec un bruit sourd et prompt, et on voit le cavalier, après avoir piqué du bout de son arme l'épaule de la bête furieuse, rouler par terre. Aussitôt les chulos, pour détourner l'attention du taureau, pour l'empêcher de s'acharner sur sa proie, voltigent autour de lui, agitant l'étoffe écarlate sous ses yeux irrités. Pendant que le cheval se relève péniblement, avec une estafilade qui bâille au ventre, et chancelle sur ses maigres jambes, son bourreau, qui ne pense déjà plus à lui, se précipite sur le spectre rouge qui flotte en avant, en arrière, à droite, à gauche, partout, frappant ici et là et ne trouvant jamais que le vide, exaspéré et déconcerté. Il arrive sur le but comme un trait, et d'un seul coup de reins, avec un détour imperceptible du corps, le chulo se déplace, tandis que l'animal affolé continue sa course vertigineuse.

C'est un jeu, un vrai jeu d'équilibre. Tous les chulos sont solidaires. Quand l'un d'eux est menacé, par suite d'une maladresse à lui ou d'une surprise de son ennemi, ses compagnons le délivrent en attirant le taureau sur eux, toujours avec l'appât rouge secoué insolemment sur son mufle, et cela sans trêve, sans relâche, tant que la bête en délire reste sensible à cette excitation-là.

Dans un de ses assauts l'animal, trompé comme d'habitude par l'étoffe mobile et traîtresse, se trouve face à face avec le cheval de tout à l'heure qu'il avait oublié. Pauvre cheval, à l'air si pacifique et sans défense ! c'est lui qui va essuyer toute la colère et la vengeance. Un coup de corne, deux coups de corne, le ventre crevé par où s'échappe une poche d'intestin qui raie le sable dans la fuite boiteuse du blessé. Quelle horreur ! cela fait mal à voir. Je suis révolté et pour un peu je quitterais ce cirque. Si encore on avait pitié de ce malheureux cheval, si on le soignait ou si on l'achevait ! mais non ; on le frappe brutalement pour le faire marcher, pour le faire courir au-devant du taureau, jusqu'à ce qu'il n'en puisse plus, jusqu'à ce qu'il tombe pour ne pas se relever. Ses jambes battent l'air convulsivement deux ou trois fois, un frisson secoue son corps et c'est fini. Il découpe par terre sa silhouette anguleuse immobile à jamais. On lui enlève son harnachement et on ne s'en occupe plus.

L'autre cheval, son compagnon d'infortune, n'a pas été mieux traité. Il a résisté plus longtemps, voilà tout. A un certain moment, le taureau l'enlève avec son cavalier à l'extrémité de sa corne en lui déchirant les entrailles ; monture et écuyer culbutent pêle-mêle sur la palissade, sans se faire grand mal fort heureusement.

On me dit que les picadores sont bardés de fer et de tôle sous leur livrée, ce qui les rend beaucoup moins vulnérables ; car leur lance, bien qu'elle égratigne le taureau, est impuissante à le repousser. Il n'est pas non plus dans leur rôle de tuer l'animal, mais seulement de l'irriter pour rendre ensuite la partie plus acharnée avec l'espada.

Il continue sa ronde, ce cheval, perdant le sang par son poitrail perforé... puis il succombe. En vain les chulos se sont abattus sur les pas du taureau pour l'interrompre dans sa cruelle besogne ; les coups qu'il avait portés étaient des coups mortels.

Le président, là-haut, vient d'agiter un mouchoir. Un torero étincelant va au-devant du terrible animal, s'arrête à quelques pas de lui et l'attend les deux bras étendus. A ses mains brillent de petites baguettes enguirlandées de papier rouge, jaune, bleu et blanc ; d'ici on dirait des mirlitons, ou encore des baguettes de tambour coloriées. Ce sont en réalité des flèches, munies d'un fer barbelé, autour desquelles sont enroulées des bandes de papier. On les appelle *banderillas*, et ceux qui les manient *banderilleros*.

Le taureau, lui aussi, tombe en arrêt, tête basse, une patte en l'air. Pendant quelques secondes les deux champions demeurent ainsi en présence, se mesurant du regard. Ils se reconnaissent, ils se toisent. Enfin le banderillero s'élance, toujours les bras ouverts, et les rapprochant soudain, en moins de temps qu'il ne faut pour le dire, par-dessus la tête et entre les cornes de l'animal, il lui plante dans le cou les deux pointes enrubannées, et se sauve précipitamment. Un second et un troisième banderilleros font la même chose.

Quelle légèreté de main, quelle souplesse de corps chez ces hommes! De vrais artistes : avec quelle grâce ils se meuvent ! comme ils brandissent gentiment les banderilles pour agacer la bête ! C'est un amusement innocent et charmant auquel ils semblent se livrer. Ils dansent plutôt qu'ils ne marchent et leurs gestes sont des gestes galants. Telle une figure de cotillon. Est-ce possible de nimber davantage d'illusion le danger, de réaliser plus parfaitement « la coquetterie du courage (1) » ?

Le taureau, avec sa collerette de bois multicolore, qui le pique, qui le déchire, qui le brûle, se débat furieusement. En sautant il fait heurter les uns contre les autres ces petits bâtons avec un cliquetis de castagnettes et un froissement de papier qui l'exaspèrent. Chaque morsure de la flèche fait sourdre le sang et on distingue bientôt sur la chair un collier pourpre.

(1) Théophile Gautier.

Leschulos papillonnent toujours pour dépister l'animal, pour le taquiner et l'égarer avec leurs capas.

Le public est aussi surexcité que le taureau. Empoigné par ce spectacle, il témoigne de son émotion par des alternatives de sifflets et d'applaudissements, par des trépignements frénétiques qui ne chôment jamais. Quel tapage cela fait ! Des mains, des pieds, de la voix il approuve ou il condamme, haletant, au paroxysme de l'exaltation. Rien ne lui échappe. Il possède à fond la science de la tauromachie et sa nature s'enfièvre à ces scènes terribles, à cette vue très nette du danger. Il vibre des pieds à la tête, il frémit jusqu'à la moelle de l'âme, capté par le phénomène du dédoublement de la personnalité. Si en ce moment on venait annoncer à quelqu'un des spectafeurs la mort de son enfant ou la ruine de sa fortune, je ne sais pas s'il y prendrait garde, tant il est hors de lui. Il y a dans cette assemblée beaucoup de visages qui me rappellent ceux des joueurs fanatiques, rivés au tapis vert des salons de Monte-Carlo.

L'espada s'avance, après avoir jeté à terre sa montera. La main droite cache son épée sous un voile écarlate enroulé autour d'un bâton que porte la main gauche. Ce voile qui sert à la fois de bouclier à l'espada et d'hameçon au taureau se nomme la *muleta*. Il flotte, il oscille, il se balance sous les yeux de l'animal qui fond dessus, tête basse, pour le crever.

Si la bête, dans cette attaque, se présente bien au coup de l'espada, celui-ci la frappe; sinon il s'efface d'une simple flexion des reins à droite ou à gauche et renouvelle l'expérience jusqu'à qu'il ait trouvé une occasion propice. Le coup doit être porté entre la nuque et les épaules, au centre de la croix blanche qui raie à cette place le poil de l'animal. Comme au tir à la cible, il faut viser; il y a un point précis à atteindre où réside le suprême de l'adresse. Le coup est plus ou moins réussi selon qu'on s'en approche ou qu'on s'en éloigne.

Duel poignant à faire frémir que celui de ces deux adversaires! Un taureau féroce avec deux cornes effrayantes et des yeux ensanglantés et un jeune homme paré comme pour une fête, fort seulement de sa souplesse et de sa science, qui évolue en souriant. Un duel à mort : il faut que l'un des deux y laisse sa vie. Sera-ce l'homme, sera-ce l'animal? Nul ne le sait. Qui triomphera de la violence brutale ou de l'intelligence, de la force ou de l'habileté?

Tout d'un coup je vois le taureau fléchir sur les deux premières pattes et s'abattre haletant. Une bordée de cris et de sifflets accueillent cette victoire; d'où je conclus que le coup a été mal donne. En vain le taureau essoufflé essaie de se redresser. Alors un nouvel acteur, qui a sauté sur la scène, se penche vers le corps de l'animal et lui assène le coup fatal au moyen d'un court poignard qu'il plante sur la nuque. Après un dernier râle le taureau cesse de vivre.

Moi, je suis heureux de voir mourir cette bête qui a estropié tout à l'heure les deux chevaux ; c'est justice. Ses souffrances, à elle, et sa mort me laissent indifférent maintenant que ma pitié est épuisée ; même elles me soulagent, par besoin de réaction, par besoin de vengeance aussi pour les pauvres chevaux.

Le premier combat est terminé. L'orchestre sonne la retraite. On voit arriver au grand trot, par les barrières ouvertes, les trois mules empanachées de tout à l'heure, escortées des garçons de service, les *muchacos*, qui courent derrière elles. C'est très vite fait : une corde passée autour du cou des cadavres, munie d'un anneau auquel s'attache le crampon que traînent les mules au bout d'un trait, et celles-ci, excitées par les claquements de fouet des *muchacos*, emportent au galop successivement les trois victimes qui laissent pour toute empreinte un long sillon irrégulier sur le sol. Aussitôt après on ratisse le sable ensanglanté.

Une corrida, pour chaque taureau, comprend

en général quatre phases, quatre opérations : la lutte avec les picadores renforcés des chulos, l'application des banderilles, le duel avec l'espada et, pour abréger l'agonie de l'animal, l'intervention finale du *cachetero*. Quelquefois, en plein succès, le taureau meurt instantanément du coup d'épée de l'espada. D'autres fois, quand il est trop mou, il faut recourir aux banderilles de feu, raffinement de torture. Les entr'actes sont de courte durée : juste le temps de déblayer la place.

Voilà le second taureau. Il est noir celui-là. Il se présente avec la même arrogance que le premier. Les chevaux sont seulement blessés, mais par contre il érafle aussi la poitrine du torero qui prend sa revanche en le couchant mort à ses pieds d'un coup d'épée au point fatal. Des applaudissements frénétiques retentissent à la louange de l'espada qui salue. Les chapeaux des exaltés volent sur la place ; l'espada en pose quelques-uns sur sa tête et les renvoie à leurs propriétaires.

Je demande le nom de l'heureux triomphateur : il s'appelle *Antonio Fuentes*.

Le troisième taureau achève un pauvre vieux cheval qui paraît pour la troisième fois, tout broyé, tout pantelant. *Algabeno*, l'espada du moment, touche si fort son adversaire que l'arme reste fixée dans le front. La bête furieuse saute en l'air, rue avec violence, envoie de formidables coups de tête à droite et à gauche, et finit par enjamber la barrière et courir d'un pas affolé dans le couloir. Des spectateurs, sur les premiers gradins, sont pris de panique ; une jeune femme qui porte un corsage rouge pousse de grands cris et grimpe lestement les degrés des tendidos, d'autres personnes s'enfuient ; mais les habitués sourient de cette frayeur puérile.

Chacune des barrières, à volonté, obstrue le couloir ou clôt l'arène, selon que les battants se rapprochent ou s'éloignent. Le taureau, emprisonné dans un tronçon de couloir, s'échappe par la première issue et se retrouve sur la piste, tandis que les barrières se referment derrière lui. Avec l'agilité d'un prestidigitateur, Algabeno cueille l'arme sur son ennemi et après quelques escarmouches le met hors de combat.

Deux chevaux tués encore par le taureau suivant. Il y en a un qui trébuche sur ses maigres pattes, déchiré en dessous sur toute la longueur du ventre. Je le vois par terre se débattre dans les convulsions de l'agonie et de guerre las tomber inerte.

Pour effacer, dans mon imagination, ce tableau réaliste et répugnant, ce n'est pas trop des jolis gestes des banderilleros. Quelles provocations coquettes, quelle gentille façon de brandir ces petits bâtons! Où trouver, dans un mouvement, plus de galanterie et de charmes? Quels contrastes, tout de même, dans cet étrange spectacle !

Bon ! le cinquième taureau est affaissé, épuisé, mais pas encore mort. Les dernières bouffées de vie s'échappent avec son haleine chaude et âpre. Le cachetero enfourche la bête pour accomplir son ignoble besogne. Il la frappe à coups redoublés, il retire l'odieux poignard, l'enfonce de nouveau dans la tête, le sort teint de sang et ne réussit à occire l'animal qu'après sept tentatives infructueuses. De quels cris d'indignation sont stigmatisées sa maladresse et sa cruauté, à ce cachetero! Il est hué par toute l'assemblée.

Pour le dernier acte une surprise nous est réservée. Les picadores sont campés de chaque côté de la porte de sortie et les toreros disséminés par toute l'arène ; au milieu d'eux l'espada se reconnait à son costume plus historié, plus flamboyant encore que les autres. Le taureau fait son entrée, s'avance jusqu'au milieu de la place et, comme s'il s'était égaré, retourne précipitamment vers la porte par laquelle il est arrivé. Deux planches solidement jointes lui barrent le passage. Alors, tout décontenancé, le voilà qui trotte en rond autour de la piste, heurtant de la tête les portes qu'il rencontre, comme pour éprouver leur résistance, sans prendre garde aux chulos qui le harcèlent avec leurs capas rouges, faisant mille évolutions sous ses yeux. Il continue sa course, toujours à la même allure inquiète. Les picadores conduisent leur monture sur lui. A cette vue il fait demi-tour promptement, et chaque fois qu'il trouve sur son chemin un homme ou un cheval, il lui tourne le dos.

Moi je ris; mais le public n'est pas de cet avis. Après l'avoir raillé, il conspue ce lâche lutteur, ce *cobarde,* qui trompe son attente.

« *Un torete precioso como deje de reloj, pere timido como la triste paloma* » disait, en parlant de lui, un journal du lendemain. Au bout de quelques instants, c'est dans l'enceinte un tumulte indescriptible. Sottises, exclamations, injures pleuvent de dix mille poitrines à la fois sur l'animal, sur le président et sur les toreros. Toutes les voix de la surprise, de la déception, de la colère détonent à la fois ; en même temps tabourets et coussins volent par terre sur les hommes, sur les bêtes, indistinctement. Bien mieux : un prêtre espagnol en soutane qui se trouve là j'ignore comment — car il est interdit au clergé, par ordre épiscopal, d'assister à ce spectacle en costume ecclésiastique — est pris à partie, comme s'il était cause, ce pauvre homme, de la frayeur intempestive de l'animal.

Et le comique de la chose, c'est que ce prêtre, ne sachant pas qui on sifflait ainsi, faisait comme les autres. Quelqu'un le prévint charitablement et il s'éclipsa.

On réclame instamment un autre taureau; mais rien ne peut être modifié sans l'agrément du président. Comme il s'y refuse, toute l'assistance se tourne du côté de sa loge et l'invective dans les termes les plus véhéments. Il tient bon. Alors les grossièretés redoublent, on ne lui fait grâce d'aucun terme de mépris, avec des menaces, des poings levés.

Le taureau continue sa ronde au petit trot, épeuré, ahuri par ce vacarme, tremblant de tous ses membres, évitant soigneusement ses agresseurs et effleuré à tout instant par les projectiles qu'on lance sur lui.

Aux cris répétés de *fuego, fuego*... je vois le président, par acquiescement au désir du public cette fois, agiter un mouchoir rouge. Un peu de calme renaît, et les regards quittent la loge de l'ayuntamiento pour retourner au champ de bataille.

Un banderillero, les bras en croix, plonge dans le cou du taureau les deux tiges qu'il porte au bout des doigts et s'enfuit. Dix secondes après on entend une détonation pareille à celle d'une amorce, d'une fusée plutôt qui éclate à petits coups, et des flocons de fumée, piqués d'étincelles, ennuagent l'animal. Ces tiges sont des baguettes artificielles terminées par une mèche et de la poudre. Au contact du sang, en perçant la chair, elles prennent feu et résonnent. Le bruit, la piqûre, la brûlure : tout cela est fait pour affoler la bête. Celle-ci bondit bien de rage, mais après deux ou trois sauts recouvre son calme désespérant. Trois banderilleros se succèdent et enflamment son cou. Enfin on l'abat, mais elle tombe sans défense et le peuple qui murmure se retire mécontent.

Comme je sortais, on m'interrogea :

— Eh bien ! que pensez-vous des corridas ?

Un Espagnol me demandait cela.

— Mon Dieu ! j'éprouve une grande difficulté à vous le dire. D'abord je ne me prononcerai pas sur le succès du combat ; les règles de la tauromachie ne me sont point assez familières pour cela. Si j'en juge cependant par les manifestations du public, la course a été peu réussie, car les sifflets ont dépassé de beaucoup en nombre les bravos. Maintenant, si vous voulez savoir mon impression sur ce genre de divertissement, je vous l'exprimerai en deux mots : très séduisant et horrible à la fois.

Je ne connais rien d'élégant et de distingué comme la coupe et les nuances des vêtements, comme les mouvements et les poses des toreros, leurs flexions de reins, leurs sauts de côté, leurs gestes de taquinerie avec les capas ou la muleta, avec les banderillas, comme l'expression fine et dédaigneuse de leur physionomie aux minutes de grand danger. Tout cela est léger, délicat, exquis. Et puis je n'ai garde d'oublier là haut les jolies señoras, les délicieuses mantilles blanches, les chaudes prunelles qui ne sont point étrangères, elles, à la coquetterie des champions, qui la réveillent à ses heures de défaillance, qui l'affinent aussi : doux stimulant, discrètes étoiles d'espérance, elles appellent le courage.

J'étais si content de voir tout cela. Comme je subissais l'ascendant de tant de grâce, d'un charme si rare ! Les détails de la lutte, si noblement présentés, déjà m'intéréssaient et m'attachaient. Comme je jouissais ! Pourquoi le sang est-il venu éclabousser un horizon si poétique : le sang du taureau, le sang des chevaux surtout, qui coulait comme le jet d'une fontaine, le sang avec les ignobles exhibitions, les déchirures, les plaies béantes, les entrailles mises à nu, le spasme de l'agonie, les silhouettes des cadavres ?

Enchantement ou dégoût : qui des deux l'emporte ? Quel sentiment triomphe de l'autre ? Tous deux se sont disputé mes sens vaillamment, tour à tour vainqueurs et vaincus, assiégeants et assiégés, maîtres et sujets, avec les mêmes alternatives que tout à l'heure sous nos yeux l'espada et le taureau.

J'ai été sous le charme et j'ai frémi d'horreur, également passionné ; mais je crois tout de même que la seconde impression a laissé sur mon âme l'empreinte la plus marquée, celle qui s'effacera la dernière.

Tolède. — *Une Ville d'autrefois — La cathédrale et l'office mozarabique. — Sainte Léocadie : une antique légende. — 15 Mai.*

Tolède est perchée en nid d'aigle au sommet d'une colline. En bas, le Tage qui serpente au fond d'une gorge l'entoure comme une faveur.

A considérer cette petite ville, hérissée de tours et de croix, bercée du matin au soir au son des cloches monastiques, on se croit transporté au moyen âge. L'ombre de Rodéric, dont la funeste passion pour la fille du comte Julien, gouverneur de Ceuta, déchaîna l'invasion des Maures au commencement du VIIIe siècle, plane encore dans ces rues sombres et étroites, le long de ces maisons antiques, toutes sans exception étalant un échantillon de style.

Oh ! les vilains petits pavés qui déchirent les pieds avec leurs dents pointues ! Il y a bien à droite et à gauche, au niveau de la chaussée, de longues dalles qui remplacent les trottoirs, mais deux personnes ne sauraient s'y croiser et la plus polie retombe toujours sur l'appareil de supplice.

Bien entendu il ne circule pas de voitures dans la ville; une ou deux rues seulement laissent passer les omnibus. Souvent on débouche sur des places en miniature, ombragées par trois, quatre ou cinq acacias — pas davantage — avec une fontaine au milieu. En vingt pas on en fait le tour. Ce sont de petites baies, des jours imperceptibles dans la masse obscure de la cité. Seul, le *Zocodover*, un square triangulaire, mérite avec un peu d'indulgence le nom de place. Des magasins, cachés sous des arcades, le bordent d'un côté. Sur les deux autres faces s'alignent des cafés, des banques, des restaurants,... mais toujours des diminutifs de ces établissements.

Ici tout est microscopique. La ville, pour ne pas tomber dans le Tage, a été ramassée dans une ceinture de murailles; et comme au faîte du rocher l'espace est restreint il a fallu imposer des dimensions réduites. Ce cadre lilliputien fait ressortir plus ostensiblement encore les mille ornements gravés aux portes, aux fenêtres, aux façades des constructions : blasons, statues, bas-reliefs, inscriptions, niches sculptées, cintres, colonnades..... Les portes massives sont garnies de larges clous.

Ville féodale! ville chevaleresque! ville guerrière et mystérieuse ! exposition architecturale de toutes les époques : romane, arabe, gothique, renaissance. Vous marchez dans ces rues comme dans les galeries d'un musée, contemplant et admirant à droite et à gauche tout ce qui tombe sous vos yeux.

Ce qui dépoétise Tolède, par exemple, — plaie d'un autre âge ou non, elle est très douloureuse — ce sont les mendiants. J'ai visité bien des pays; nulle part je n'ai vu autant de mendiants qu'en Espagne et surtout des mendiants si tenaces. Ils s'attachent à vous comme les mouches et les insectes en été par une soirée grosse d'orage. Ils sont encore plus nombreux ici que dans le reste du pays. *Señor, señorito, una perrita, señorito de mi almo, una perrita.* Et le geste accompagne la kyrielle convenue de souhaits : des sourires, des baisers au bout des doigts. Quelle patience il faut pour ne pas écraser ces importuns qui à chaque pas s'abattent sur vous, s'accrochent au pan de votre habit , en vous distrayant de vos pensées et en troublant vos impressions ! On les trouve partout : dans les rues, aux portes des monuments, jusque dans les églises. Les mendiants d'Italie sont en comparaison de ceux-ci les chevaliers de la réserve et de la discrétion. N'allez pas croire qu'ils harcèlent comme cela leurs compatriotes; il n'y a pas de danger. Pour clients rien que des étrangers. Ce sont des mendiants civilisés.

Le chanoine de Loamara, vicaire général et trésorier de l'évêché, veut bien nous faire les honneurs de la cathédrale. C'est un vieillard fort distingué et très obligeant.

Cette cathédrale, la métropole de l'Espagne, avec celle de Séville, gothiques l'une et l'autre, se disputent la suprématie parmi les églises d'Espagne, qui figurent au premier rang des curiosités dans ce pays. Comme pureté de lignes, je préfère celle de Séville, mais celle de Tolède est plus riche encore. Sa fondation remonte au XIIIe siècle; le cardinal Ximenès la fit embellir.

Un miracle aussi l'auréole. Jadis, à la même place s'élevait une église. La Sainte Vierge y apparut au VIIe siècle et revêtit saint Ildefonse, l'évêque du temps, d'une chasuble « en toile du ciel. » On voit cette scène reproduite en maints endroits et on montre dans une chapelle la pierre où se posèrent les pieds de Marie.

En premier lieu nous visitons le Trésor. Comme à Séville, le Trésor, caché dans une sacristie, est le recueil des objets les plus riches et les plus précieux du temple. Celui de Tolède est fameux. Six chanoines se partagent la garde des six clefs différentes, requises pour ouvrir les portes. Aussi n'est-ce pas chose aisée que d'y pénétrer? Le chapitre était réuni pour le chant des vêpres, et les six gardiens arrivent en costume de chœur, leur clef à la main.

Quel monceau d'or et de diamants! que de millions entassés sous ces croix, ces reliquaires, ces statues, ces armes !... Je suis séduit par un groupe en argent : quatre femmes, le sein découvert, sont assises sur le globe terrestre et représentent les quatre parties du monde. Les figures sont d'une délicatesse exquise. La *custodia*, ostensoir colossal pour la procession de la Fête-Dieu, tout doré, est d'un grand effet; mais je préfère comme finesse de travail et comme légèreté celle de Séville.

L'église mesure cent treize mètres de long sur cinquante-sept de large et quarante-six de haut. A l'extérieur, des portes sculptées, chargées de bas-reliefs. A l'intérieur, des piliers de pierre très blanche.

J'admire beaucoup le chœur. Des colonnes de marbre rouge séparent les stalles, et dans la rangée inférieure, sur les dossiers, des médaillons illustrent la campagne de Ferdinand et d'Isabelle. Quel art merveilleux de sculpter le bois possèdent les Espagnols! Des figures et des lignes tracées par une main experte sur une feuille de papier ne seraient ni plus nettes ni plus pures; celles-ci possèdent en outre le relief. Aucun détail n'est négligé.

Vis-à-vis, on voit à travers les barreaux en fer forgé de la grille le splendide retable du maître-autel, tout en bois de mélèze. Comme cela est fouillé ! Pas une parcelle de bois qui n'ait échappé au ciseau. On compte vingt niches, sortes de cadres qui enferment des scènes du chemin de la croix. Tout en haut, une Assomption : la Sainte Vierge, les pieds appuyés sur un croissant renversé, les mains jointes, s'élève entre deux murailles d'anges.

Derrière la *Capilla Mayor* éclate ce qu'on appelle « le Transparent », cette débauche d'or, de marbre, de bronze, de cuivre qui, dans un désordre simulé, confond statues, colonnes, bas-reliefs, niches et panneaux. Des lignes à bâton rompu ; on dirait un chaos, une surface soulevée et bouleversée par une éruption ou un ébranlement souterrain. Au centre, le soleil avec des flèches irradiées parmi lesquelles jouent les anges. Une coupole toute bosselée, enjolivée de fresques à l'intérieur, éclaire cette bizarre invention. Le jour arrive à flots, brillant, étincelant, et s'engouffre entre les anges, dans une petite baie ronde, allumant toutes les parties ambiantes de tons moins vifs et plus foncés.

Cet été, je me promenais un certain soir au bord de la mer, sur les falaises sauvages de Bretagne, à la pointe de Quiberon, près du fort Penthièvre. Le ciel était ouaté de nuages aux formes irrégulières et diversement teintées.

Derrière moi le soleil reculait vers l'horizon. Avant de rentrer dans la coulisse, il rassemblait toutes ses forces, concentrait toute sa lumière et toute sa chaleur pour illuminer l'agonie de ce jour. Entre deux nuages filtra un rayon de feu qui s'arrondit jusqu'à prendre la forme d'une boule incandescente, et les nuages d'alentour, imprégnés de lumière, reproduisirent la gamme des nuances entre le jaune et le rouge. Ils étaient transparents comme des veilleuses de couleur derrière lesquelles brûle la flamme. Tout de suite mes yeux reconnurent un spectacle entrevu déjà, ils se rappelèrent le *Tras-Sagrario* de la cathédrale de Tolède. Mêmes effets de lumière, mêmes tons au ciel par ce soleil couchant. Cette ressemblance avec la nature d'un genre de décoration bon pour l'orfèvrerie, assez excentrique et dépourvu d'art par ailleurs, fait son seul mérite.

Il y avait environ trois quarts d'heure que nous promenions à travers cette église nos regards chargés d'étonnement quand le chanoine de Loamara, qui ne nous avait pas quittés, nous fit signe de le suivre à la sacristie.

Pauvre saint homme, victime de sa charité ! Ce n'était pas fort intéressant pour lui cette visite à des merveilles qu'il n'appréciait plus sans doute pour lui être trop familières. Il se bornait à nous signaler du doigt, sans même y jeter les yeux, les choses les plus remarquables, car il ignorait le français autant que nous ignorions l'espagnol. Impossible d'échanger une impression autrement que par geste. Mais cela devient stupide, à la fin, d'osciller perpétuellement la tête comme un balancier, en signe d'approbation, de lever les bras avec conviction, de porter la main aux lèvres. Tous les trois nous cheminions en silence le long des chapelles, le long des tombeaux, comme en un pèlerinage funèbre.

A la sacristie, le vénérable prêtre nous fait asseoir. Il ouvre un placard d'où il retire une petite boîte qu'il nous présente. Il y a dedans... devinez? des cigarettes. Comme nous hésitions à accepter, pour vaincre nos scrupules, le premier il en allume une. Alors je ne me fais pas répéter l'offre. Lorsque la dernière pincée de cendres avec le tronçon de papier brûlé furent jetés dans un petit coin à cet usage, nous continuâmes la visite interrompue de l'édifice.

16 Mai.

Quand les Musulmans envahirent Tolède, la population très catholique exigea la liberté du culte. Six églises furent réservées aux chrétiens pour y célébrer en toute sécurité leurs offices. Les chrétiens demeurés à Tolède pendant les quatre cents ans que dura la domination arabe s'appelèrent Mozarabes, c'est-à-dire mêlés aux Arabes. Isolés de leurs frères, dans cette enceinte d'infidèles où ils vivaient, ils n'eurent pas connaissance de la réforme de la liturgie et conservèrent dans leurs cérémonies le rite primitif.

Tolède redevenue chrétienne en 1085, sous Alphonse VI, la cour de Rome voulut imposer aux retardataires le rite grégorien définitivement consacré. Ceux-ci protestèrent. Un duel et l'épreuve du bûcher pour chacun des manuels leur donnèrent gain de cause. Aujourd'hui les passions religieuses sont éteintes, mais par respect de la tradition, pour ne pas laisser tomber en désuétude un si mémorable usage, intéressant spécimen de l'antiquité, par luxe aussi, une chapelle est consacrée à ce culte dit mozarabique. Un chapitre fonctionne régulièrement avec mission de le célébrer.

Chaque jour la messe est dite à neuf heures. Sous les auspices du chanoine de Loamara, notre providence sur ce sol religieux de Tolède, nous sommes admis à y assister. La chapelle est complètement fermée et isolée du reste de l'église; pas de grille pour pénétrer, mais une porte pleine. Du plafond descend en manière de suspension le chapeau du cardinal Ximenès, à qui est due l'érection de cette chapelle. En entrant, le chœur est à gauche et l'autel à droite, avec un passage entre les deux. Neuf chanoines récitent l'office dans les stalles. L'un d'eux, au premier rang, tourne les pages d'un gros volume sur un pupitre de fer porté par un aigle doré.

Un prêtre monte à l'autel et la messe commence. Après la récitation du psaume initial vient l'offertoire, puis l'évangile. Sur l'autel deux missels sont ouverts, l'un à droite et l'autre à gauche de l'officiant. Celui-ci récite une série d'oraisons auxquelles le chapitre répond *Amen*. Le maître des cérémonies, au moyen d'une baguette d'argent qui pend à son bras, indique au prêtre sur le livre les lignes à lire. Après la consécration et la communion on récite à genoux le *Salve Regina*, et la cérémonie se termine par la bénédiction.

Dans cet office, la voix du peuple est mêlée sans cesse à celle du prêtre ; leurs prières se complètent et se confondent. Cette messe fut très courte ; elle n'a pas duré plus d'un quart d'heure.

De là nous nous rendons à l'église de *San Juan de los Reyes*, bijou de gothique fleuri. A l'extérieur, de longues chaînes sont suspendues au mur : les fers des prisonniers chrétiens échappés aux Musulmans. Sur cette facade, quel contraste font avec les mille fleurs d'architecture, symbole de gaieté, ces liens austères !

Près de *Santa Maria la Blanca*, miniature de l'art mauresque, toute blanche, toute fine, se trouve une fabrique d'armes que nous visitons. Les fameuses lames de Tolède ! Elles ont cela de commun avec le roseau de la fable qu'elles plient et ne rompent pas : seulement elles sont un peu moins inoffensives. Devant moi les ouvriers courbent en arceaux plusieurs lames. Elles se prêtent à merveille à ces caprices : l'acier se ploie comme une feuille, miroitant au soleil avec des reflets de serpent. On perce un sou avec un couteau à papier, genre poignard, que j'achète.

Je suis, dans les ateliers, tous les détails de la fabrication d'une arme, depuis le petit morceau d'acier serré entre deux coins de fer, chauffé, fondu, moulé, battu, limé, jusqu'au bain électrique pour le nickelage ou la dorure. Vient ensuite le travail de damasquinage. Les artisans opèrent sur des boules de poix, ils pointillent des tranches d'argent repoussé et enfoncent dans chaque petit trou, au moyen d'une aiguille, un fil d'or qu'ils tiennent à la main.

Après déjeuner, pour respirer, je sors de cette prison de pierre où les rues sont des couloirs et les cours, derrière les portails, de vraies cellules. Je dépasse la *Puerta del Sol*, double porte mauresque percée dans une tour qui me fait souvenir de la porte de la Justice à l'Alhambra, je franchis le pont d'Alcantara et me voilà en rase campagne. Une campagne toute rouge, nue et très escarpée. Certaine bâtisse isolée à gauche, pas loin du Tage, m'attire. Un monastère ? J'aperçois une croix et une église, celle-ci dédiée à sainte Léocadie qui fut martyrisée dans le pays au IVe siècle. A signaler, au-dessus du maître-autel, un Christ en bois peint très curieux. D'abord la tête est couverte de cheveux naturels ; de plus, le bras droit détaché de la croix est pendant.

A ce phénomène se rapporte une touchante histoire. Le fait s'est passé au XVe siècle. Une jeune fille de Tolède aimait tendrement un jeune homme ; ils se fiancèrent. Sur les entrefaites Christophe Colomb découvrit l'Amérique.

Ce fut alors une émigration formidable d'Espagnols, fascinés par le prestige de l'or. Le jeune fiancé, l'imagination exaltée, ne put résister à l'entraînement. Il partit, lui aussi, en promettant à sa bien-aimée de revenir les poches pleines d'or pour embellir leur bonheur. Oh! cette attente pour elle! Il revint en effet; mais, séduit par la fortune, il avait épousé là-bas, l'infidèle, une femme riche.

Pauvre petite délaissée! Elle s'en fut porter plainte à la justice, le cœur navré, l'âme submergée. Seulement elle avait compté sans la perfidie de son bourreau, elle avait compté sans l'or, cause de tous ses malheurs. L'accusé nia sa promesse et produisit de faux témoignages vilement achetés. Elle, que lui restait-il à objecter? sa mémoire, son amour, sa loyauté? Elle n'avait point de témoins de cet engagement du cœur.

Soudain, comme transfigurée, sur l'inspiration lumineuse qui vient de sillonner son esprit, elle se redresse et, les yeux fixés sur le crucifix, le grand témoin, qui découpe sa silhouette le long de la muraille : « J'en appelle au Christ! » s'écrie-t-elle.

Oh miracle! A cet instant on vit le bras droit du Christ se détacher du bois et faire le geste du serment en se rapprochant du corps.

Devant cette preuve inattendue et convaincante le coupable fut condamné ; il dut, pour avoir manqué à sa parole, répudier l'usurpatrice.

Sur l'air émouvant de cette anecdote je berce mon imagination tout le temps de ma promenade aux bords du Tage. Quel mugissement terrible au fond de son lit de cauchemar ! Voilà la tour fatale d'où Rodéric, en la voyant au bain, devint éperdûment amoureux de Florinde. De là partit la première étincelle qui mit le feu à l'Espagne en déchaînant l'invasion des Arabes. Et le gouffre hurle toujours, de plus en plus fort, et l'eau bondit avec des panaches d'écume, comme si elle était fouettée par les verges invisibles du remords.

Je rentre à l'hôtel de Castille pour faire mes préparatifs avant le départ. Par dessus les murs, par delà le fleuve, je repais mes yeux une dernière fois du panorama splendide. Le soleil est sur son déclin ; le ciel tout jaune me rappelle, par ses tons, certaines toiles de Velasquez. Pour tromper la fuite du jour, partout résonnent des chants de fête : un chapelet de petites notes vibrantes et joyeuses qui s'égrènent dans l'air si léger ce soir. Elles chantent ces femmes qui étendent leur linge sous mes fenêtres, elles chantent celles-là qui s'en vont à la fontaine, leur amphore sous le bras ; ils chantent ces petits pâtres et ces petites bergères qui ramènent les troupeaux au bercail. Est-il possible d'enterrer un jour plus gaiement?

Qu'en pensent ces vieux murs à l'aspect barbare, ces lourds battants de portes? Pour moi, il me semble entendre chanter des oiseaux captifs dans leur cage. Je ne les entendrai pas longtemps. Quelques instants après, le train nous emporte vers Madrid et les dernières crêtes de Tolède, cette antique cité si imposante, une à une s'effacent.

Vers l'Escurial. — Calembour involontaire.
Un contretemps.

Trois quarts d'heure d'arrêt à Madrid, pas davantage ; rien que le temps d'aller en voiture de la gare du Midi à la gare du Nord, situées aux deux antipodes de la ville. Il fait noir, il pleut. J'ai perdu la piste du portefaix à qui j'avais confié mes bagages pour les porter dans une voiture : *coche*. Le long de la station, pas de portefaix. Et le temps passe. Je finis par trouver mon individu devant l'omnibus de je ne sais quel hôtel où il avait déposé mes colis.

Le brigand ! Il pensait, par ce stratagème, m'obliger à descendre dans cet hôtel et il escomptait déjà la commission du patron. Indigné, je le renvoie, je l'insulte. Comme il s'excusait en espagnol, je lui réponds en français, le menaçant du geste avec mon sac : « Vous n'aurez pas un sou, allez au diable, et laissez-moi... la paix. »

— Hôtel de la Paix? Par ici, Monsieur, me répond une voix, et un valet galonné, en un clin d'œil, s'empare de nos colis qu'il emporte allègrement dans l'omnibus du dit hôtel.

Bon! voilà une autre affaire! Cette fois-ci je n'eus pas la force de me fâcher et les éclats de rire de mon compagnon me gagnèrent aussi. J'arrachai mon bagage des serres de cet homme de proie et je m'élançai dans une voiture.

Malgré ces aventures, grâce à Dieu, nous n'avons pas manqué le train. Mais ce jour-là, parait-il, était voué aux émotions. Dans un compartiment vide de première classe, nous marquons deux coins. Quand nous revenons, après avoir fait un tour sur le quai, il y avait dans ce même wagon neuf ou dix personnes. Une dame était assise sur mon chapeau, une autre sur le camail de Monsieur l'Abbé; et ces indiscrets ne paraissaient nullement disposés à nous restituer nos places.

J'ai appris depuis qu'en Espagne il n'est pas permis de retenir ses places à l'avance; il faut les occuper ou bien elles sont à la disposition du premier venu. De plus, quand une personne prend le train, dans ce pays patriarcal, une délégation de parents et d'amis lui font cortège et restent auprès d'elle jusqu'à la dernière minute. Singulière coutume ! Il est défendu au voyageur de réserver sa place, mais les compartiments servent de salon aux oisifs.

Au coup de cloche qui annonce le départ, des baisers s'envolent de toutes les bouches et cinq personnes sautent sur la voie. Nous restons avec une famille : le père, la mère, deux jeunes filles et un petit garçon. Nous n'avions pas fait route ensemble dix minutes qu'un violent accès de toux secoua l'enfant ; les deux jeunes filles lui répondent. J'offre de fermer la glace qui était ouverte ; on me remercie. La toux se fait de plus en plus aiguë, se complique de hoquets, de cris ; ce que nous appelons le chant de poulet. Toute cette jeunesse avait la coqueluche. Bon gré mal gré il fallut rester là ; les autres compartiments étaient bondés.

Ces gens, très affables d'ailleurs, vrais Espagnols par leur courtoisie et leur obligeance, ont poussé l'amabilité jusqu'à nous prier de partager leur repas. Une jeune fille m'offrit un fruit, puis des petits gâteaux de très bonne mine, fort appétissants, ma foi ! Le geste gracieux avec lequel ils étaient présentés les faisait encore valoir. Mais faut-il l'avouer ? Oui, ce sera ma punition. La terreur triompha de la galanterie. Cette coqueluche si bruyante, si retentissante, je l'imaginais partout, jusque dans les innocents petits gâteaux. Je ne fis pas comme Adam, je résistai à la tentation.

Mon sourire le plus épanoui fut chargé de rendre la politesse, quand deux heures plus tard le train s'arrêta à la station de l'Escurial, et j'inventai quatre mots espagnols pour souhaiter à cette charmante compagnie que je quittais avec joie : Prompte guérison et bon voyage !

L'ESCURIAL. — *Sur le tombeau des rois. — Un grand honneur. — L'archiduc Fernan d'Autriche.*

17 Mai.

Dans un fond, entre les parois abruptes et dénudées de la Sierra Guadarrama, s'élève l'*Escorial*. Quel désert! pas de végétation, des scories de fer et des couches tranchantes de granit. Pas d'habitations non plus, pas de villages alentour. Rien que la masse écrasante du palais, et quelques maisons enveloppées dans son ombre : hôtels, auberges, magasins...

L'*Escorial !* quelle œuvre de Titans! Un parallélogramme immense qui embrasse une superficie de trente-neuf mille mètres carrés. Tout se compte en grand ici : par dizaines, par centaines, par milliers, selon le cas. Les façades, à elles seules, présentent onze cents fenêtres. Il y a seize cours, quatre-vingt-six escaliers, quatre-vingt-huit fontaines, plus de quatre mille chambres.

Philippe II fit bâtir cet édifice après la bataille de Saint-Quentin, en 1587. Comme la victoire fut remportée le jour de la fête de saint

Laurent, on lui dédia ce monument commémoratif qui, pour cette raison, affecte la forme d'un gril. En même temps il répond aux dernières volontés de Charles-Quint qui, en mourant, avait recommandé à son fils le soin de sa sépulture ; son double sens : religieux et guerrier, le désignait pour cet office.

Il comprend une église et une crypte où sont conservées les cendres royales, un monastère d'Augustins, un palais et une école. Il est construit en granit et sa décoration est empruntée à l'ordre dorique, caractérisé par l'étendue et la solidité.

La façade de l'église, sur la cour des Rois, est gardée par six statues colossales en pierre et en marbre des six rois de Juda : Josaphat, Ezéchias, David, Salomon, Josias et Manassès. Le sanctuaire figure une croix, avec une coupole éployée au centre. C'est une miniature de Saint-Pierre de Rome : proportions hardies, piliers massifs, voûtes énormes.

Le retable du maître-autel provoque tout particulièrement mon attention : quatre étages de fresques et de statues séparées entre elles par des colonnes d'une finesse charmante, doriques en bas, ioniennes en haut. Les étages diminuent de largeur en s'élevant et un calvaire sculpté se découpe au sommet. A droite et à gauche de l'autel, des oratoires abritent des cortèges de statues royales en bronze doré. Sur le portail s'appuie une vaste tribune qui sert de chœur ; on y voit la stalle de Philippe II. Celui-ci chantait l'office avec les moines quand on vint lui annoncer la victoire de Lépante.

Comme nous errions dans le lieu saint, une femme s'approche et discrètement nous montre du doigt, à gauche de la *Capilla Mayor*, une chapelle latérale. Sans doute cette brave femme avait deviné en nous deux Français. Par une association d'idées très naturelle non moins que par une pensée touchante, elle nous désignait la tombe d'une illustre Française, fauchée à la fleur de l'âge : la reine d'Espagne, fille du duc de Montpensier, première épouse d'Alphonse XII. Elle avait la foi, cette femme, et le cœur simple. Sur ce sol étranger, n'était-ce pas notre devoir le plus élémentaire de prier pour la souveraine que nous avions donnée à l'Espagne, pour cette douce princesse de notre pays ? De tout cœur, en nous signant, nous avons demandé à Dieu d'avoir son âme.

Un prêtre monte à l'autel, assisté d'un diacre et d'un sous-diacre. La grand'messe commence, la grand'messe quotidienne de fondation pour le repos de l'âme de Charles-Quint. Les chants liturgiques s'envolent, amples et solennels, sous les voûtes majestueuses ; ils roulent d'écho en écho dans le vaisseau qu'ils remplissent.

Un fauteuil et des chaises, disposés en fer à cheval, formaient au centre de la nef le seul mobilier. Je m'installe sur une de ces chaises, la première à l'extrémité de gauche. A l'issue de l'office, la maîtrise entonne un hymne vibrant de joie et de reconnaissance. Est-ce que je rêve? Mais c'est le *Te Deum*. Le *Te Deum* à une messe de *Requiem* ? Pour le coup, je suis dérouté.

En même temps qu'éclatent les premières notes, un religieux s'avance, ganté de noir. Quelques officiers et quelques laïques, sanglés dans des redingotes de cérémonie, marchent derrière lui. Ce religieux qui n'était autre que le Père Abbé du monastère prend possession du fauteuil. Sa suite s'installe sur les chaises. Par modestie mon compagnon s'écarte, mais comme il restait deux ou trois sièges vacants, je ne quitte pas le mien. Seulement, pour être à l'unisson, bien vite je sors de ma poche une paire de gants neufs dans lesquels je glisse mes mains.

Le *Te Deum* monte toujours au ciel. Deux enfants de chœur descendent, en courant, les degrés de la *Capilla Mayor :* l'un porte un encensoir, l'autre l'accompagne, les bras croisés. Ils arrivent devant le Père Abbé, le saluent profondément et, élevant l'encensoir, lui donnent les trois coups réglementaires ; puis ils rendent les mêmes honneurs aux personnages qui l'encadrent. Mon tour arrive; les jeunes clercs se présentent. Je me lève et je m'incline, tandis qu'au niveau de mon visage l'encensoir se balance. Je suis très fier, mais par pur orgueil, car je ne sais pas ce qui me vaut cette distinction. Peut-être bien parviendrai-je à éclaircir le mystère?

La cérémonie terminée, tout le monde se retire. Je demande à visiter la crypte, le Panthéon des rois. Une véritable cave; il fait froid au corps et au cœur dans ce séjour de la mort. Au pied de l'escalier s'ouvrent de longs corridors voûtés en pierre blanche avec des raies d'or : à gauche, le cimetière des infants et des princes de la famille royale; à droite, celui des rois. Nous commençons notre pèlerinage par la galerie de gauche. De chaque côté sont alignés des sépulcres de marbre blanc, ornés de filets d'or et de guirlandes de fleurs, quelques-uns cannelés par dessus. Sur le panneau qui regarde la nef sont tracées, en lettres bleues, rouges et dorées, des inscriptions latines de l'Ecriture Sainte qui s'appliquent au défunt. En haut, se détache sur le mur un écusson avec le nom.

L'épitaphe de Juan d'Autriche, en passant, me fait sourire. L'effigie du fils naturel de Charles-Quint est couchée sur sa tombe, une épée damasquinée entre les mains, et au-dessous on lit : *Missus a Deo*. Voilà le monument du duc de Montpensier, flanqué de celui de ses deux filles. La princesse Amélie endormie pose la main sur une guirlande de roses. Dans le sommeil de l'innocence son âme s'est envolée au ciel, et sur ce cœur angélique, à la place, ont fleuri des roses. Qu'elle est jolie dans ce marbre blanc ! Comme ses traits sont purs et calmes ! Oh ! cette candide image de la fragilité de la vie !

La galerie vient mourir dans la nécropole des infants et des infantes. Au centre, un mausolée de marbre circulaire à trois étages ; chacun des étages, de haut en bas, fait saillie sous le précédent, comme une marche d'escalier. Sur toute la surface, des plaques commémoratives, rehaussées d'écussons, indiquent la place et le nom des cendres. On dirait des tiroirs. Plusieurs sont vierges et attendent que la mort y trace les lettres fatales. Les princes du sang, d'avance, connaissent l'endroit réservé à leurs restes ; ces lacunes entre des épitaphes semblent les appeler, les presser. Quel sévère avertissement pour eux, quand ils rendent à leurs morts une pieuse visite !

Revenant rapidement sur nos pas, nous pénétrons, à l'autre extrémité du corridor, dans le caveau royal. Un demi-jour l'éclaire. Le recueillement s'abat sur votre âme et vous fait frissonner. La pièce est octogonale. La porte et l'autel se font face. Les six autres côtés sont occupés par des espèces d'armoires ouvertes à quatre compartiments. Dans chacun des casiers est logé un sarcophage de marbre noir, moucheté blanc et vert, en forme de bahut, posé sur des pattes de lion dorées. Un cartouche également doré se détache, frappé au nom du souverain dont les cendres reposent à l'intérieur du coffre de marbre. Les trois armoires à droite contiennent les dépouilles des rois, dont le plus ancien est Charles-Quint ; celles à gauche les dépouilles des reines qui ont laissé une postérité mâle. On voit quelques sarcophages vides ; le cartouche en est lisse.

Mon Dieu ! ce que c'est que la vie ! Un peu de cendre, voilà tout ce qui survit, ici-bas, de ces monarques qui eurent tant de gloire.

Le pèlerinage souterrain a pris fin. J'avise à la sacristie un religieux qui entendait assez bien le français :

— Pourriez-vous me dire, mon Père, pourquoi à l'issue de la messe funèbre on a chanté le *Te Deum* ?

— C'est l'anniversaire de la naissance du roi. Alphonse XIII a aujourd'hui quatorze ans révolus.

— Très bien. Pourrais-je savoir maintenant ce qui m'a valu l'honneur d'être encensé ?

— Vous avez été encensé ? où et quand ?

— A l'église, pendant le chant du *Te Deum.*

— Où vous étiez-vous donc placé ?

— Mais sur une des rares chaises qui se trouvaient là.

— Elles étaient réservées aux autorités convoquées pour le *Te Deum* d'actions de grâces en l'honneur du roi. Vous avez été pris pour un des personnages officiels, ou, si votre air étranger vous a trahi, pour quelque représentant d'une ambassade.

— Je n'oublierai pas l'âge d'Alphonse XIII, mon Père ; il est à jamais gravé dans ma mémoire.

Comme nous allions sortir de l'église, les portes s'ouvrent à deux battants. Un prêtre revêtu d'une chape s'avance sur le seuil entre deux enfants de chœur, un reliquaire à la main.

Au grand trot de quatre mules, un landau tourne sur l'esplanade. Des galons d'or : la livrée de la Cour. Un jeune homme en descend : très grand, svelte, visage ovale, moustache retroussée, l'air martial et la physionomie vive ; trente ans environ. Il est chaussé de souliers jaunes et porte un long pardessus bleu. C'est l'archiduc Fernan d'Autriche, le troisième fils de l'archiduc Charles-Louis. Il commande le 48e régiment d'infanterie et a, en outre, le grade de colonel des chasseurs impériaux du Tyrol. Il a été délégué par l'empereur François-Joseph pour remettre à Alphonse XIII les insignes du grand cordon de l'ordre de Saint-Esteban.

Le prieur du couvent vient à sa rencontre et le salue. Le religieux en ornements de chœur lui présente le reliquaire à baiser. D'autres voitures s'approchent au pas qui déposent l'escorte militaire et civile du prince. On ferme les portes et le cortège s'écoule dans l'église.

Au Palais-Royal. Une succession de salles splendides : de l'or, du marbre, des étoffes précieuses, des meubles antiques, des tableaux de maîtres, comme dans tous les appartements royaux; un fleuve de richesses. Mais ce qui est propre au palais de l'Escurial, ce qui en fait le luxe et l'art tout à la fois, ce sont les tapisseries: sujets champêtres, sujets guerriers, danses, chasses... Je n'ai pas souvenance d'avoir vu jamais sur une étoffe des lignes si pures, des tons si chauds et si doux à l'œil. On dirait d'une peinture étendue avec le pinceau le plus léger, tant les figures sont nettes, les traits déliés, les physionomies fines et diverses, les poses gracieuses.

Quelles reproductions fidèles, et rivales aussi, des toiles de Rubens, de Goya, de Téniers qui les ont inspirées! Quel travail merveilleux! Des chefs-d'œuvre, de vrais chefs-d'œuvre.

Je m'attarde longtemps à contempler dans

une antichambre une danse d'après Goya. Quatre personnages, deux femmes et deux hommes, habillés selon la mode locale : ceux-ci en veste courte et en culotte, des escarpins aux pieds ; celles-là, la taille, comme un fuseau, prise dans un corsage qui se lace par devant, la jupe masquée derrière un tablier de soie brodé. Divisés en deux couples, ils se font vis-à-vis. Le corps cambré, tête haute et bras déployés, ils s'avancent, ils fléchissent sur un genou, tandis que l'autre jambe, au-dessus du pied soulevé, se courbe déjà, prête à décrire un rond. Leurs yeux brillent de joie et aussi de fierté. L'attention enchaîne leur regard. Pas de faux pas surtout ! Ces gestes commencés, suspendus, que l'imagination du spectateur achève spontanément, comme ils sont naturels !

Ce qui fait plus de bien encore à l'œil que le dessin, c'est le coloris : le rouge surtout, soit le rouge teinté de jaune, soit le rouge écarlate. Et partout où je le retrouve, ce rouge, sur des manteaux, sur des ceintures, sur des pourpoints, j'éprouve à le contempler la même impression de bien-être.

La salle des Batailles produit un grand effet. Deux immenses fresques guerrières se partagent à elles seules la muraille qui fait face aux fenêtres, d'une longueur de cinquante mètres à peu près. Le premier coup d'œil ne découvre qu'un alignement déconcertant de chevaux en bas et en haut de lances, comme si nous allions passer une revue.

Dans les appartements particuliers de Philippe II, on nous montre différents objets lui ayant appartenu : un tabouret, un pliant de cuir, où est restée l'empreinte de sa jambe qu'il étendait dans ses accès de goutte ; une Descente de croix en ivoire, un encrier damasquiné et armorié. Sa chambre communiquait avec un oratoire d'où, par une fenêtre, il voyait le maître-autel de l'église et entendait la messe.

Nous saluons l'archiduc Fernan qui, lui aussi, visite le palais.

Après avoir traversé la Bibliothèque et la salle capitulaire, ornée d'un tableau du Tintoret : *le Lavement des pieds*, avec des personnages très grands, très gros, réalistes, nous rentrons dans l'église.

Par terre, au-dessous de la coupole, un poêle noir était étendu, barré d'une croix rouge au milieu, avec une tête de mort brodée aux quatre angles. Une couronne royale était posée devant et six cierges jaunes brûlaient autour dans des chandeliers.

Cette date du 17 mai apportait à la famille royale deux souvenirs bien différents : celui de la naissance d'Alphonse XIII et celui de la mort de la reine Marie-Amélie, une des femmes de Ferdinand VII. Ce matin on fêtait triomphalement l'anniversaire joyeux ; ce soir, dans un instant, les voûtes, encore vibrantes des échos du *Te Deum*, vont se renvoyer les accents traînants et plaintifs du *Libera* et du *De profundis*.

Ces deux grands événements de la vie : l'entrée et la sortie, l'arrivée et le départ, la naissance et la mort, sont célébrés le même jour, devant le même autel, confondus dans une même démonstration de foi et d'espérance.

Ce sanctuaire est le gardien fidèle des éphémérides royales.

Fin de jour à l'Escurial.

Cinq heures et demie du soir. Dans ma tête un chaos, comme un bourdonnement d'abeilles ; c'est un désordre insoluble, j'en ai la fièvre. Impressions, réflexions, images cueillies à la hâte, trop vite saisies, forment un tout confus où chacune cherche sa place, de quoi vivre, de quoi se développer.

Le calme descendait sur la terre, ce calme du

soir qui repose, plein, profond, favorable au recueillement et qui donne aux pensées de cette heure des contours nets et une forme précise.

Voilà les dernières maisons du bourg. Distraitement je cède à l'invitation du premier sentier venu, une raie sinueuse, une coupure à la surface dans le gazon étiolé, parmi les ajoncs et les bruyères desséchées. Il est bientôt rompu par un ruisseau pauvre d'eau, marqué de ce cachet de misère qui distingue toutes choses ici. Des laveuses agenouillées tout autour y font tremper leur linge. Trois pierres branlantes réunissent les deux tronçons du sentier qui, toujours plus étroit, grimpe en se tortillant comme un ver sur un des trois ou quatre mamelons arides qui servent de premier plan au paysage.

Je domine le palais, ce gril renversé, dont j'aperçois à présent les quatre pieds en l'air figurés par les tours des angles et, en guise de barreaux, les toits des cloitres et des couloirs qui traversent les cours pour relier les bâtiments. Je possède le mot de l'énigme, bien que le symbole ne laisse pas d'être fantaisiste.

Quel désert ! Des coteaux nus, absolument nus, hérissés de cailloux et par-ci par-là couverts de quelques méchantes touffes d'herbe grillée où des moutons noirs étiques cherchent péniblement leur nourriture. Tout en haut, des cimes déchiquetées, de la pierre à vif, rouge par place comme si elle avait saigné. Une teinte grise d'une monotonie désespérante est répandue sur toute cette nature. On a l'illusion d'être aveuglé par des cendres. Oh oui ! décor funèbre entre tous ! Ce site est bien choisi pour recevoir des tombeaux, fussent-ils des tombeaux de rois comme ceux de Charles-Quint et de Philippe II, qui dorment là-bas sous cette construction écrasante, sinistre elle aussi avec sa masse formidable. La vraie perfection ne réside-t-elle pas dans l'harmonie? Ici tout s'accorde pour parler de la mort, pour la représenter ; rien n'en éclaircit le lugubre mystère. Pas même une fleurette qui apportera sur la tombe le sourire réconfortant de la fidélité. J'aperçois pourtant un petit bois de châtaigniers qui verdoie sur la colline ; il paraît immense dans cet univers de désolation.

Avant de se coucher, ce soir, le soleil veut adresser un dernier adieu à l'*Escorial*. Les nuages gris qui sont étendus sur le ciel se déchirent au-dessus du palais. Ils découvrent une échappée de la forme d'un vase dont le pied et la tête bombent tandis que le centre se rétrécit. C'est encore l'image de la taille d'une femme qui s'amincit au milieu et s'élargit aux deux extrémités suivant des courbes délicates et harmonieuses. Dans cette percée afflue la lumière qui lutte avec les nuages. Une grosse tache noire l'éclipse, mais ne fait que passer, comme une mauvaise pensée sur une âme pure. Puis se succèdent des traînées légères de vapeurs qui vont se perdre à l'horizon dans une buée lumineuse au milieu de laquelle on entrevoit, comme à travers une étoffe éraillée, des flocons de nuages blancs teintés d'or.

La trouée claire s'est déformée, agrandie ; elle en a gagné d'autres ouvertes sous les rais du soleil de six heures. Les nuages sombres s'en sont allés ; une main invisible les a précipités là-bas, dans ce gouffre éclatant, terme fatal où le soleil va bientôt disparaître. A gauche le ciel est tout bleu. Oh ! le joli bleu ! si limpide, si transparent. Par exception ce n'est pas le bleu chaud et foncé de ce pays, le bleu de Murillo, mais un bleu clair, très frais, bleu de turquoise ; quelque chose comme le bleu de la Grotte d'Azur à Capri, aussi léger, aussi délicat. J'en demeure étonné et ravi. Il attire l'œil et le captive, il l'effleure avec un chatouillement imperceptible.

Serait-ce donc jour de fête dans ce coin de la nature pour qu'elle se pare de la sorte ? ou bien les cieux ont-ils accueilli ce soir quelque jeune vierge, douce et immaculée, dont ils symbolisent ainsi la gloire ?

Des nuages pommelés glissent, se divisent, se rejoignent et, se groupant sur l'azur, lui donnent les contours les plus fantastiques. Du firmament ils font une série de lacs bleus, émaillés d'îles, tous différents, avec une rive tourmentée, des anses et des caps. C'est le globe à l'envers et la surface liquide en miniature au-dessus de nos têtes. Ne dirait-on pas là haut le lac des Quatre-Cantons avec son petit bras ?

Le tableau est terminé, chaque nuage à son poste et presque immobile. L'astre puisant dans son dernier écrin, celui qui est caché tout au fond de son trésor, darde ses rayons les plus précieux et les plus brillants, ceux qu'il a réservés pour l'adieu, pour l'impression suprême.

Tout s'embrase. Ces nuages échelonnés en flocons sur le passage de la lumière s'éclairent, chacun selon sa place, d'un ton spécial qui le transfigure. Il y en a de gris, de jaunes, de fauves, de cuivrés ; les uns estompés comme au fusain, d'autres d'une teinte d'ardoise ; on s'imagine des nuages de coton, ils ont la blancheur mate de l'hermine, soyeuse de la ouate, luisante de la neige. Quelle richesse de teintes ! On guette malgré soi les petits anges roses qui vont en sortir et s'envoler sur eux comme dans les peintures.

A mes pieds, l'*Escorial* immobile et plus solennel que jamais. Au loin, le tintement argentin et irrégulier des clochettes qui annoncent la rentrée des troupeaux, des moutons maigres de tout à l'heure. Le cri à deux notes d'un coq : il est heureux, cet animal, et célèbre à sa façon les splendeurs du couchant. Quels sont ces frais échos, ces chants de joie? Ils partent d'un groupe de laveuses qui étendent leur linge sur l'herbe rase. D'autres là-bas dansent une ronde échevelée : celles qui ont terminé leur ouvrage. De mon observatoire je vois leurs jupes rouges onduler, se tendre et décrire des courbes vertigineuses. Deux oiseaux, les ailes battantes comme un moulin à vent, passent au-dessus de ma tête. J'entends le bêlement d'un mouton. Par derrière, sur un mamelon plus élevé, des novices augustins en promenade marchent modestement, d'un pas lent et mesuré, le pas religieux, et en rang. On ne distingue qu'une ligne noire sinueuse, assez semblable à celle que forme un bataillon de fourmis se succédant sans intervalle sur une seule piste pour traverser une route.

Comme à cette heure silencieuse les impressions se gravent avec netteté sur l'âme attendrie! Les lignes et les teintes s'accentuent, le son est plus clair, chaque détail apparaît avec sa physionomie propre, sa note à lui. Nos sens, eux aussi, semblent participer à une vie nouvelle, la vie du soir. L'œil voit mieux, l'oreille entend plus distinctement et l'émotion n'est pas loin qui va les encourager en remuant divinement l'être. L'existence n'est que plaisir à ces heures-là et tout devient prétexte au bonheur. Plus d'ombres sur l'esprit. Telles impressions rappellent de doux souvenirs, telles donnent naissance à d'heureuses analogies, telles évoquent des visages aimés. Oh ! le joli rêve ! Quelle délicieuse illusion !

Cette lumière qui m'inonde de joie, elle se condense, elle se résorbe. Voilà les faisceaux réunis, les rayons repliés ; l'ombre déploie ses immenses voiles. Un seul point clair au ciel : la lueur suprême, éclatante ; l'agonie, la lueur d'adieu.

Avez-vous jamais contemplé une lampe qui va s'éteindre faute d'huile ? La flamme diminue, pâlit, on la croit à bout ; puis brusquement un éclat imprévu, une secousse de lumière, trahit son réveil. La flamme s'allonge encore, comme désespérée, pour redevenir plus petite qu'avant, toujours plus maigre, plus blafarde ; elle tremble, elle oscille, elle se tord. Une dernière lueur saccadée, éblouissante comme l'éclair, et il n'y a plus de feu.

C'est ainsi que le soleil disparait à l'ouest derrière les montagnes. L'obscurité du soir l'enveloppe. Il se défend, il lutte et finit par succomber.

Encore quelques instants de paix et de sonorité, de véritable jouissance ; puis le mystère cesse, le charme est rompu. Il faut déjà fermer cette page ravissante de l'existence, le feuillet se tourne de lui-même, et pourtant ma pensée y découvrait de si touchantes images. Pourquoi donc sont-elles si brèves les heures de vie surhumaine ? Est-ce qu'elles ne se mesurent pas au même temps que les autres, que celles de la réalité ?

Et tristement je descends la colline, non sans me retourner maintes fois pour dire, moi aussi, un suprême adieu à ce petit coin de hasard où j'ai goûté de si douces impressions et que je ne reverrai sans doute jamais.

AVILA. — *Sur les pas de « Thérèse de Jésus. »*

18 Mai.

« Thérèse et Avila ! Deux noms qui se complètent et s'illustrent ! Avila fut le berceau de Thérèse et Thérèse fut la gloire d'Avila. Le site d'Avila, son esprit chevaleresque, *Avila de los Caballeros*, son ciel sévère et doux donnèrent à la réformatrice du Carmel cette brillante poésie, ce cœur magnanime, cette âme ardente, ce caractère doux et ferme qui la distinguent d'entre les saints. En retour Thérèse a illustré sa patrie et l'a revêtue d'un manteau de gloire qui fait oublier l'antique valeur des vieux Castillans. L'*Avila de los Caballeros* est devenue l'*Avila de los cantos y santos* (1). »

Pour notre part, nous nous sommes arrêtés à Avila dans le seul but de faire un pèlerinage au champ d'honneur de la glorieuse sainte. Nous nous sommes attachés, pendant notre trop court séjour dans cette ville, à retrouver les

(1) Abbé Berry : *Semaine religieuse du diocèse d'Autun*, 13 octobre 1900.

traces de Thérèse et à les suivre attentivement, mettant nos pieds dans l'empreinte de ses pas. Qu'elle daigne nous bénir, nous et ceux dont la pensée nous accompagnait à ce pieux sanctuaire !

Avila est une petite ville de beaucoup de cachet. Onze mille habitants seulement la peuplent. Les énormes murailles toutes dentelées qui l'enferment font penser à un vase artistique où est recueilli le suave parfum des vertus de Thérèse de Jésus.

« Thérèse de Jésus ! » c'est ainsi qu'elle aimait à se nommer depuis sa rencontre miraculeuse avec l'Enfant-Dieu sous les voûtes du cloître. Rien qu'à ce titre symbolique de noblesse choisi par elle-même, on devine tous les trésors de délicatesse, de charité parfaite et d'harmonie, cachés dans son âme. C'était une aimable sainte que Thérèse de Jésus, une sainte distinguée dans toute l'acception du mot. Elle rendait séduisante la vertu qu'elle portait en elle.

Monsieur le Chanoine célèbre le saint sacrifice dans la chambre de Thérèse. La maison où elle naquit est aujourd'hui une église desservie par des Carmes. Deux chapelles privilégiées ont été élevées côte à côte sur l'emplacement de son berceau. La place exacte où la sainte est venue au monde n'a pas été strictement déterminée. Tout ce qu'on sait, c'est que la pièce était très vaste, et les deux chapelles qui se partagent ce précieux espace sont également vénérables. Dans le bureau de son père, à côté, sont conservées les reliques : un doigt de la main droite, une semelle de soulier que ses filles spirituelles, par une jolie attention, ont enguirlandée de fleurs, un bâton en bois de rose pour ses voyages, un chapelet de coco à grains noirs, très gros et allongés, enfin une *Mater dolorosa* devant laquelle l'auguste religieuse aimait à prier.

Nous descendons par un petit escalier en spirale dans le jardin : une cour rectangulaire, de dimensions exiguës, fleurie et feuillée. Les murs faits de lourdes pierres de granit, non recouvertes de ciment, sont authentiques.

Et de penser qu'il y a trois siècles ces mêmes murs ont abrité l'enfance, ce même sol a porté les pieds d'une des plus illustres saintes de l'Eglise, me pénètre d'un profond recueillement. C'est là qu'elle a joué, toute petite, avec son jeune frère ; là elle a prié, elle s'est reposée, à l'air et par l'exercice, des fatigues d'une méditation prolongée. Mon Dieu ! s'ils pouvaient parler ces murs, comme ils nous édifieraient ! Nous cueillons quelques branches aux arbustes qui poussent sur ce sol béni et nous remontons à l'église.

Le bon Père qui veut bien nous accompagner

nous désigne un autel latéral à gauche. Là s'élève un Christ en bois de grandeur naturelle, saisissant de réalisme, tel que Notre-Seigneur apparut à Thérèse. Ce travail fut d'ailleurs exécuté d'après ses indications.

Jésus est debout, les mains liées à la colonne vers laquelle son corps se penche. Quelle copie fidèle de la nature ! quelle vérité frappante ! Qu'il est impressionnant ce Christ ! il fait mal à voir ainsi. Sans la foi il serait répugnant. Le sang coule sur ce corps en lambeaux. Des filets rouges le sillonnent qui se terminent par des gouttes suspendues. Les genoux sont déchirés; partout des morceaux de peau sanguinolente, rien que des entailles, des plaies. Pour parfaire l'illusion, dans les yeux luit un point blanc — du cristal ou du diamant — qui les rend vivants.

L'auteur de cette œuvre — il se nomme Luiz — communiait chaque fois qu'il y mettait la main. Luiz a sculpté ce Crucifié comme il aurait récité une prière, accompli un exercice pieux ; il l'a fait en aimant.

Voilà où naquit et grandit sainte Thérèse. Elle a été baptisée tout près, dans l'église Saint-Jean. A présent nous allons visiter le monastère de l'*Encarnacion* où elle fit profession. Il est situé à quelques centaines de mètres de la ville, en rase campagne.

Oh ! que c'est froid, que c'est misérable! Des bâtiments abandonnés, semble-t-il. L'humidité suinte sur les murs tout délabrés. Le parloir ressemble à une chambre de ferme inhabitée. La supérieure du Carmel vient à la grille et s'entretient avec mon compagnon, non sans difficulté, toujours à cause de l'ignorance des langues. Je l'entends dire, avec des larmes plein la voix, que sept religieuses sont mortes dernièrement de la peste. Cela me fait frissonner. Je me retourne pour tirer Monsieur l'Abbé par le pan de sa douillette ; quelle n'est pas ma stupéfaction d'apercevoir, à travers la grille, par l'embrasure du rideau légèrement relevé, la figure de la Révérende Mère !

Il paraît que les Carmélites d'Espagne sont moins austères que les Carmélites de France, car elle ne s'étonna nullement de mon regard.

Là encore on nous présente quelques reliques : un voile de la sainte, son crucifix de bois, une petite amphore. Après une courte visite à la chapelle, nous partons, le cœur serré par le spectacle d'une si noire misère.

Qu'est-ce qui nous attend à *San José*, où nous allons de ce pas? *San José* est la première fondation de sainte Thérèse. Nous sommes rentrés en ville cette fois. Je tire vainement le cordon de la sonnette, personne ne répond. Alors je pousse une porte entrebâillée ; un long corridor s'ouvre devant nous et, au bout, une autre porte qui n'est pas fermée non plus. Nous pénétrons dans une vaste pièce où une religieuse tient parloir. A notre arrivée, quelques personnes qui conversaient avec elle se retirent. Après l'avoir saluée respectueusement, nous lui demandons la permission de visiter la chapelle et de vénérer les reliques. Ici comme à l'Incarnation il n'y a pas de rideau tendu derrière la grille. Elle nous fait comprendre qu'elle va nous envoyer une sœur parlant notre langue et s'éclipse.

Quelques instants après, apparait une novice toute jeune — vingt ans au plus — à visage découvert. Aux premières paroles que nous échangeons en français, la voilà qui éclate de rire comme un enfant, d'un rire sonore et argentin. Il faut croire que cela ne lui arrive pas souvent de parler français.

Ce rire, si frais, si pur, cette explosion de l'innocence, comme il fait bon l'entendre ! Tout ce qu'il jette avec lui, ce rire, de candeur, de paix, de joie sincère et sans mélange ! Il vibre comme une cloche qui sonne à toute volée au jour d'une grande fête. Dans le monde on ne sait pas, on ne peut plus rire ainsi. Le ton a été faussé.

C'est à Montpellier que cette bonne petite sœur apprit à parler notre langue. Nous lui donnons quelques détails sur les Carmels de France, en particulier sur celui d'Autun. Avant de prendre congé, très naïvement, elle nous demande de prier pour sa persévérance.

Pieuse et sainte enfant! comme elle est légère de tout souci, comme elle marche gaiement sur le chemin de la vie, à l'exemple de son aimable patronne, occupée seulement du salut de son âme! Oh oui! que Dieu lui conserve, pour son bonheur, sa vocation!

A l'église, par un tour, la sœur sacristine nous fit passer différents souvenirs de la réformatrice du Carmel : des autographes signés de ces deux noms charmants « Thérèse de Jésus », des livres où elle apprit à lire, une tasse de terre dans laquelle elle a trempé ses lèvres, et puis — objet imprévu — un petit tambour avec deux baguettes qui faisaient partie, je pense, de son attirail de jouets quand elle était enfant.

Je fis résonner sur la peau les petits bâtons et, à ce bruit, un éclat de rire, aussi harmonieux que celui de tout à l'heure, me répondit, de l'autre côté de la muraille.

La gaieté des Carmélites est proverbiale. Certes, ce n'est pas en Espagne qu'elles feront mentir l'adage, et cela tout à leur louange. Saint François de Sales n'a-t-il pas dit : Un saint triste est un triste saint.

Burgos. — *La ville du Cid.* — *Le monastère de* las Huelgas. — *La chartreuse de* Miraflores.

19 Mai.

Burgos! la ville du Cid Campeador! La statue du héros domine la porte principale de la cité, l'*Arco de Santa Maria*, au bord de l'Arlanzon. On la voit en compagnie d'autres hommes illustres sur la façade. Elle souhaite la bienvenue aux étrangers et proclame la gloire de la ville. Par derrière, se découpent sur l'azur du ciel les deux flèches ajourées de la cathédrale, et les clochetons dentelés d'une tour émergent à l'autre extrémité du monument.

L'intérieur de l'*Arco de Santa Maria* est plus riche, plus sculpté encore que le dehors. On y a installé un petit musée. Impossible de se figurer quelque chose de plus fini, de plus soigné, que la parure de Juan de Padilla agenouillé sur sa tombe. On peut compter les pompons alignés à profusion le long de son manteau. Plus prodigieuse encore la finesse de sa cotte de mailles ; on a envie de la palper. Et ce tapis fleurdelisé qui recouvre le pupitre, imite-t-il assez l'étoffe? Ce travail est de marbre. Un des panneaux de la niche qui donne l'hospitalité à cette effigie disparaît derrière une Descente de croix, sujet préféré pour l'ornement des tombes.

Un objet très curieux et d'une haute antiquité est un petit devant d'autel provenant de l'abbaye de Silos. Sur une feuille de bronze sont peintes, assez grossièrement d'ailleurs, de longues robes vertes ou bleues, de couleur foncée, qui ont l'air d'envelopper des corps et sur lesquelles se croisent deux mains. Des têtes de bois noir, en relief, ont été appliquées au-dessus. Elles sont très laides, allongées et pendantes.

Devant un *Ecce Homo*, un tout petit tableau, je m'arrête pour essuyer trois larmes qui brillent sous l'œil du Christ, — tant l'illusion est parfaite. Par une rigole imperceptible s'écoule la larme qui en bas s'arrête et reste suspendue, à la manière d'une goutte de rosée sur une feuille.

De l'autre côté de l'Arlanzon, à une demi-heure environ de la ville, s'élève le monastère royal de *las Huelgas*. *Las Huelgas* veut dire les loisirs ; l'abbaye remplace un palais où jadis les rois passaient leurs loisirs.

Un aimable intermédiaire avait eu l'idée très heureuse de nous recommander à un des chapelains de *las Huelgas :* Dom Isidor Lopez y Moral. Le vénérable prêtre demeure dans une des maisonnettes groupées à l'ombre du monastère, comme de pieuses plantes qui auraient germé là de la semence de sainteté envolée du couvent. Sept prêtres habitent ces rejets du cloître : les sept chapelains. Les chapelains ne sont pas les aumôniers. Ils forment comme une garde d'honneur de l'abbaye. Pour tout ministère, ils célèbrent chacun à leur tour la messe de communauté et assistent aux offices solennels. C'est un grade purement honorifique. Les plus anciennes fondations religieuses ont encore, en Espagne, cet insigne décoratif des chapelains. Je ne suis plus surpris de rencontrer tant de prêtres, tant de prêtres surtout qui aient le temps de flâner. Le clergé étant très nombreux, jamais il ne cumule deux fonctions.

La même obligeance et la même courtoisie que nous avons rencontrées partout depuis notre arrivée dans ce pays hospitalier nous attendaient auprès de Dom Lopez y Moral, sous une forme plus épanouie encore si c'est possible. Il voulut à tout prix être notre *cicerone* et nous faire lui-même les honneurs de la ville.

La visite du couvent nous prit peu de temps. Comme il est occupé par des religieuses cloîtrées — des Cisterciennes — on nous ouvrit seulement l'église. Dans le chœur, une sœur en blanc, couverte d'un scapulaire noir, priait devant les tombeaux d'Alphonse VIII et de doña Leonore. Les chapelles monastiques, en Espagne, affectent la même disposition que les églises paroissiales. Le chœur se trouve placé au centre du vaisseau et une nef transversale, d'où on l'embrasse tout entier, le sépare de l'autel.

La pieuse religieuse qui faisait ses oraisons fut, je pense, gênée par mes regards. Je la vis se lever promptement, glisser le long des stalles, sans bruit, comme si elle avait honte, et disparaître derrière une porte.

Pourtant, si je la contemplais ainsi, c'est qu'elle m'édifiait. A la voir prosternée contre les mausolées royaux, je pensais au-dedans de moi quelle heureuse inspiration c'était de faire reposer les morts dans les monastères. A ceux-là, au moins, les prières ne manquent pas et Dieu, sans cesse invoqué par sa sainte milice, ne saurait oublier dans le Purgatoire les âmes de ces corps sur qui elle veille.

Devant l'autel pend à la voûte un carré d'étoffe ramagée : c'est le fac-similé de l'étendard pris aux Maures à la fameuse bataille de *Navas de Tolosa*, en 1212.

Ensuite nous nous rendons, en suivant la rive gauche de l'Arlanzon, à un autre monastère, un couvent de moines, celui-là : la Chartreuse de Miraflores. De loin elle se révèle aux yeux sous la forme d'un tombeau gothique. Le cloître avec le petit jardin où dorment les morts, les cellules et les étroits guichets par lesquels on fait passer aux religieux leur nourriture, les longs corridors silencieux où l'on croise quelques fantômes blancs sans regard : tout cela est nu, austère, glacial, et donne le frisson. Il faut, pour habiter une pareille demeure, avoir dit à la vie un suprême et irrévocable adieu ; il faut être fasciné par le ciel dont le dôme bleu est le seul ornement, que dis-je ? le seul meuble de cette nature morte.

Mais en revanche quelle splendeur dans la chapelle ! C'est un éblouissement quand on y entre. Le luxe ruisselle partout : sur le bois, sur la pierre, sur le marbre, sur la toile, au service de l'art le plus parfait. Je vois, moi, dans cette fusée du génie, dans cette explosion de magnificence autour du tabernacle, le symbole de richesses autrement précieuses, le symbole des vertus cachées qui fleurissent derrière ces murs.

Mon Dieu ! que c'est beau ! où attacher mes yeux ? Partout ils sont tentés. Par où commencer ? Ces stalles percées à jour, l'artiste, en les sculptant, avait sans doute présentes à la mémoire les dentelles des Alcazars.

Que dire du retable ? Toutes les formes qu'a pu concevoir l'imagination, le bois les a réalisées à l'aide d'un ciseau merveilleux : grandes et petites statues, animaux, écussons, niches, balcons, clochetons, feuillages, rinceaux, confondus dans un pêle-mêle troublant. Des rois voisinent avec les apôtres, les saints et la Vierge, et Jésus est crucifié sous l'œil du pélican occupé à nourrir ses petits. Au centre, une rosace, sur les confins de laquelle a poussé une végétation spontanée d'anges, enferme des médaillons religieux.

Si on me demandait qui méritent le prix de patience des mosaïstes italiens ou des sculpteurs espagnols, je serais fort embarrassé pour le dire.

Même enchevêtrement inextricable de toutes les figures ornementales et de tous les motifs d'art dans le superbe mausolée de marbre dressé au pied de l'autel, éblouissant comme un astre, comme lui indécomposable à l'œil nu : le tombeau de Jean II et d'Isabelle, les fondateurs de cette abbaye. De chaque côté de ce monument polygonal je compte huit faces historiées avec une rare finesse. Le sacrifice d'Abraham surtout me captive : les figures sont si jolies, les gestes si gracieux ! A tous les angles sont accotés des lions qui portent entre leurs griffes les armes de Castille. Sur le couvercle sont étendus le roi et la reine, couronnés du diadème et gardés par les évangélistes. Deux lions se dressent sur leurs pattes aux pieds du roi ; aux pieds de la reine, un enfant caressant de la main le corps d'un lion donne à manger à un chien.

Quelle population de statues ! Si on les disséminait dans la nef, je crois bien qu'elles la rempliraient. Gil de Siloé est l'auteur de ces merveilles.

Cette église, comme toutes celles des Chartreux, est divisée par des grilles en trois parties : le premier tiers réservé aux moines, le second aux frères convers, le troisième aux profanes. De l'enceinte du peuple on pénètre, par une porte à gauche, dans une sorte de sacristie. A la place d'honneur siège saint Bruno, en bois, de grandeur naturelle. Il est debout, les yeux fixés sur un crucifix qu'il brandit de la main droite. Ces yeux, comme ils étincellent de foi, d'amour divin, à tel point que la vie semble les habiter !

Philippe II, dans une visite qu'il faisait à la Chartreuse, était fasciné par cette figure :

— Il est sur le point de parler, lui fit-on observer.

— Oui, répliqua le roi, mais il ne parlera pas parce qu'il est Chartreux.

Burgos. — La cathédrale. — L'Hospital del Rey. Un exemple édifiant. — 20 Mai.

Dimanche matin, dans la belle cathédrale toute gothique, toute fleurie. Du monde sur toute la longueur des nefs qui assiste aux messes dites dans les chapelles latérales. Ni chaises, ni bancs : les fidèles éparpillés un peu partout dans les poses les plus variées ; comme chez nous, les femmes beaucoup plus nombreuses que les hommes. Après avoir fait le tour de l'église, je vois dans la première chapelle à droite, près du portail, un prêtre qui monte à l'autel. Je m'approche pour entendre la messe. Un grand Christ, devant lequel le célébrant officie, m'intrigue beaucoup avec sa teinte bistrée. Il a des cheveux et des sourcils véritables et est enveloppé dans une peau de buffle. Un corps émacié, rayé de filets rouges, avec une cavité au côté et des bourrelets sanguinolents autour de la plaie. L'expression de souffrance est saisissante : des traits contractés, la bouche bâillante et les dents découvertes. Pour vêtement, un jupon très court noué autour des reins.

Après la messe, je fais dans le sanctuaire une promenade enchantée parmi tant de fleurs d'architecture. Des retables sculptés, toujours plus compliqués, toujours plus riches. De voir toutes ces aiguilles de bois pendantes, saillantes, cela me fait l'effet, à distance, des mille glaçons accrochés en hiver à la surface congelée des cascades, ou, sur les arbres, des petits appendices tout blancs de givre qui dentellent chacune des branches.

Dans la chapelle de Sainte-Anne, le retable, en bois sculpté, représente l'arbre généalogique de la Sainte Vierge et de Notre-Seigneur. En bas, Abraham dort étendu sur le dos. De son sein surgit un tronc énorme, issu de racines vigoureuses. Il se partage en deux branches qui, en l'encadrant, s'élèvent de chaque côté d'un médaillon et où ont germé tout le long les ancêtres de la famille divine avec des figures très nettes.

Chacune des chapelles donne l'hospitalité à un tombeau. Le plus remarquable est celui du connétable Hernandez de Velasco et de sa femme doña Mencia de Mendoza. Il occupe le centre de la dernière chapelle de la cathédrale, celle qui s'élève au fond, juste derrière la *Capilla Mayor*, et qui se trahit au dehors par une tour hexagonale flanquée de clochetons.

L'effigie des illustres défunts, taillée dans un superbe bloc de Carrare, recouvre un sarcophage de marbre espagnol. Ils sont étendus côte à côte, les yeux fermés. Le connétable tient son épée entre les mains, un rosaire pend aux doigts de son épouse. Emblèmes des deux grandes puissances à l'union desquelles, ici-bas, est attachée la victoire : les armes et la prière. L'homme combat avec le fer et la femme, vouée à une mission plus pacifique, du foyer où elle est reléguée, prie Dieu de conduire le bras de son guerrier. Ces manteaux somptueux sous lesquels repose ce couple idéal révèlent dans leur disposition une science savante des plis avec d'heureux jeux d'ombre et de lumière. Sur un des pans du vêtement de doña Mencia de Mendoza, un caniche est couché, roulé sur lui-même comme une pelote. Touchant symbole de fidélité : il dort, ce joli petit animal, aux pieds de sa maîtresse. Dans cette même chapelle, on me montre une Madeleine, attribuée à Léonard de Vinci, très charnelle, très païenne, avec ses échappées de corps vers le sein et les hanches entre ses cheveux roux. Elle est lumineuse, cette Madeleine, d'un éclat fauve, doré.

En sortant de là, mon regard tombe, de l'autre côté de la nef circulaire, sur les sculptures du *Tras-Sagrario*. Cinq bas-reliefs fameux illustrent la façade, extérieure de la muraille qui circonscrit la *Capilla Mayor;* en commençant par la droite : « l'Agonie du Christ au jardin des Oliviers, le Chemin du Calvaire, le Crucifiement, la Descente de Croix et l'Ascension. »

Il est difficile d'imaginer plus de finesse dans les traits, plus d'expression sur les visages, plus de flexibilité dans les gestes. Le crayon ou le pinceau, en courant sur une toile, n'eût pas été plus heureux. Et ce m'est une vraie jouissance, devant ce beau spectacle, de dégager la pensée ou le sentiment voilés derrière les lignes, d'animer tous ces personnages, d'analyser ces scènes, d'aller provoquer, à travers ce travail merveilleux, l'idée même de l'artiste.

Dans le second panneau, une figure tout de suite frappe mes yeux. Je la reconnais, cette figure, et aussi cette allure accablée et rampante, cette démarche de bête de somme. Je les ai vues dernièrement à Tanger, je les ai vues l'an passé à Stamboul, chaque fois qu'il m'est arrivé de croiser ces Arabes ou ces Turcs qui s'en vont par les rues, les jambes contournées et écartées, les doigts de pied recroquevillés comme pour étreindre le sol, le corps penché en avant et la tête redressée à la façon des chameaux, le dos ployé sous un échafaudage de colis, de caisses, de denrées, l'air farouche. Ces horribles signes, je les retrouve comme photographiés, je les compte tous chez cet homme qui marche, un pagne serré autour des reins, devant la croix dont il supporte une des extrémités au moyen d'une corde passée sur les épaules.

Le bas-relief suivant montre la Crucifixion. Avec un de ces gestes remplis de vie et d'art, les gestes de la passion, de l'exaltation, spontanés, admirables, Madeleine agenouillée enlace des deux bras le gibet sur lequel vient d'expirer son Maître bien-aimé. Voilà l'amour. Et à côté, la haine sous les traits du cerbère qui se tient à gauche de la croix. Ses yeux sont-ils assez féroces ! assez remplis de fiel et de méchanceté! Oh ! le vilain homme! Il me rappelle, celui-là, le bourreau sorti des mains d'Amerigo dans « le Droit d'Asile » au musée de l'Art moderne à Madrid.

Ces œuvres magistrales sont dues à Philippe de Bourgogne.

En levant la tête, je fouille l'intérieur de la coupole. Deux étages de fenêtres se superposent et éclairent cette débauche d'art :

colonnettes, figurines, statues, alvéoles, arabesques; que n'y voit-on pas? « C'est touffu comme un chou (1). »

Par une porte très ancienne — du XIe siècle, me dit-on — je pénètre dans le cloître. Cette porte, en bois très épais, est décorée de bas-reliefs aux figures naïves et grossières qui ont beaucoup de cachet. On y voit, entre autres choses, l'entrée de Notre-Seigneur à Jérusalem sur son âne. Le cloître gothique remonte au XIVe siècle. Il se déroule entre une double haie de tombeaux. Là se trouve le fameux coffret du Cid. Le héros, ayant besoin d'argent pour guerroyer, le remplit de sable et de ferraille et le laissa en gage à des usuriers juifs moyennant six cents marcs, avec l'assurance qu'il contenait sa vaisselle. C'est une petite malle plate, telle qu'on les faisait autrefois, en bois tout vermoulu et barrée d'argent horizontalement et transversalement.

En quittant cette cathédrale j'étais ébloui, ébloui par trop d'art et de luxe. Il m'arriva ce qui arrive lorsqu'on a regardé le soleil en face ou encore quand on a séjourné quelque temps dans un lieu inondé de lumière : à un moindre jour on ne voit plus rien. Les richesses des autres édifices me trouvèrent indifférent.

(1) Théophile Gautier : *Tras los Montes.*

Quand je sortais, un sergent de ville, de garde sur la place, m'offrit ses services. Ici les agents de police, au besoin, s'instituent *ciceroni* pour gagner quelque chose. Ce brave homme, la baïonnette au côté, m'entraîna d'églises en musées, de musées en églises, par des rues où les façades sculptées se succédaient, et il ne me reste de tout cela qu'un souvenir confus. Dans ma mémoire un chaos de retables, de tombeaux, de sarcophages, de statues, tout cela embrouillé, pêle-mêle, sans distinction d'origine ni de lieu.

Pourtant je revois à Saint-Nicolas, au-dessus du maître-autel, un curieux retable en pierre. La nouveauté du travail l'a gravé dans mon esprit. Au centre, une rosace autour de laquelle tourne un triple cercle d'anges, et sous cette rosace, joliment taillée, la légende de saint Nicolas, cette légende si familière aux petits enfants, si touchante aussi :

> Saint Nicolas posa trois doigts
> Dessus le bord du vieux saloir.
> Le premier dit : J'ai bien dormi.
> Le second dit : Et moi aussi.
> Et le troisième répondit :
> Je croyais être en Paradis.

On voit émerger d'une cuve trois charmantes têtes de bébés sous la main bénissante de l'évêque. Pour encadrer cette gracieuse scène, la pierre, du haut en bas de la façade, raconte l'histoire de l'Ancien et du Nouveau Testament.

Je revois encore les pierres tombales de San Gil : des plaques d'albâtre transparentes et des effigies mortuaires, où la tête seule, en marbre blanc et noir, fait saillie.

Ce que je revois surtout, c'est cet agent de police m'escortant solennellement, faisant ouvrir les églises, m'offrant de l'eau bénite à la porte, marmottant quelques prières dans le sanctuaire et m'indiquant du doigt certaines belles choses devant lesquelles je passais sans m'arrêter. Au moins je n'avais rien à redouter en pareille compagnie.

Le soir, don Lopez y Moral nous conduit à la Castille. Bois ou prairie, je ne sais comment appeler cette vaste esplanade gazonnée où les arbres se touchent tous. C'est le rendez-vous du peuple. Hommes et bêtes circulent en liberté. Les faubourgs de Burgos, en ce jour de repos, s'écoulent là. Au bout, près d'un cimetière, s'élève une chapelle dans laquelle défile un cortège ininterrompu de pèlerins. On les voit entrer, puis sortir presque aussitôt pour laisser la place à d'autres. Je fais comme tout le monde et je me trouve en présence d'un tombeau sur lequel est couchée une statue. Elle est couverte de fleurs et les fidèles baisent respectueusement son pied. « *San Amaro* », répond-on à mes questions. Impossible d'en savoir davantage.

Comme j'essayais de déchiffrer une inscription sur le sarcophage, une fillette — elle avait bien dix ans — au teint frais, à la démarche légère, s'approcha, et, après avoir déposé sur le pied du saint un gentil baiser qui pépia comme un cri d'oiseau, elle y laissa un petit bouquet de lilas. Le sourire angélique et discret — à cause du lieu saint — le geste si gracieux en tendant la main, avec lesquels elle fit cela ! Elle était à croquer, cette petite! A cette distraction charmante j'avais sacrifié l'étude de l'inscription, et, la foule me poussant, je dus sortir sans avoir rien lu. Mais que l'enfant a donc de charme, à de certaines fonctions, quand il est naturel !

Chemin faisant nous rencontrons l'aumônier de l'Hôpital Royal, qui était l'ami de notre excellent guide. Il voulut nous faire les honneurs de sa maison d'abord, puis du grand établissement au service religieux duquel il était préposé. Cet hôpital ne le cède en rien, sous le rapport de l'hygiène et du « comfort », aux palais de la misère construits chez nous durant ce siècle de progrès. Les pièces sont vastes, hautes, bien aérées, la propreté la plus minutieuse règne partout; on me montre, vis-à-vis les cuisines, des salles de bains et de douches merveilleusement aménagées.

Nous traversons plusieurs dortoirs entre une double haie de lits, rangés dans de petites alcôves, où sont subies les afflictions de ce monde. C'est une distraction pour les malades de voir passer des figures étrangères. Je m'approche d'un lit où émergeait des draps la tête d'un enfant, — il paraissait quatorze ans, pas davantage. Pauvre victime si apitoyante ! Il vit que je m'intéressais à lui et me montra son poignet tout broyé, tout pantelant. Quel accident lui était arrivé ? Pas moyen de comprendre ses paroles, à ce petit. Il aura eu la main prise, je suppose, dans un engrenage.

Une vingtaine de vieillards, alignés de chaque côté d'une grande table, prenaient leur repas au réfectoire. Dans l'office, deux religieuses bénédictines plongeaient sans relâche une grande poche au fond d'une soupière fumante et chaque fois la retiraient pleine d'un brouet épais, quelque ragoût de pommes de terre, puis remplissaient les assiettes creuses éparpillées tout autour comme pour attendre la part des malheureux.

Ces admirables servantes de Dieu et des pauvres, de quel œil serein elles accomplissent cette humble besogne, pénible et monotone, rebutante parfois ! La figure épanouie, le sourire aux lèvres, tout en travaillant elles causent avec nous. L'une d'elles avait dépassé la soixantaine. Sa vie brisée au printemps par sa propre main, elle la sacrifia au soulagement de ceux qui souffrent; et depuis lors elle s'est écoulée sans bruit, sans ambition humaine, sans envier et sans être enviée, dans des prisons, entre des murs d'hôpital, parmi toutes les épines de la souffrance qui sont rejetées là, hors du chemin frayé, en tas, pêle-mêle, comme les broussailles d'un plant chaque fois qu'on l'émonde.

Que peuvent bien penser de pareils prodiges ceux qui n'ont pas la foi? Pour moi, de tels exemples, je crois, m'impressionneraient au point de dessiller mes yeux et de me convertir. Ces existences sublimes constituent, à mon avis, l'apostolat le plus beau et le plus éloquent.

Qui oserait invoquer contre le mérite l'influence déprimante de la routine? Certes, elles sont loin d'être atrophiées, ces religieuses qui travaillent devant nous. Regardez leurs gestes, comme ils sont prompts! regardez leurs yeux, comme ils brillent! pas, il est vrai, avec ces alternatives d'éclairs et d'éclipses qui arrivent aux enfiévrés du monde, mais d'une lumière franche, toujours la même, d'une lumière qui reflète la pleine vie du corps et du cerveau et la paix de la conscience. Les religieuses ont d'autres pensées, d'autres préoccupations, un autre horizon que les profanes : voilà pourquoi leurs physionomies diffèrent.

Et de rencontrer par la terre ces sacrifices héroïques offerts à Dieu nous rend bien humbles devant Lui en songeant au peu que nous avons fait, nous. Oh ! l'écrasante comparaison ! Comme quoi le voyage peut être un moyen de sanctification.

Loyola. — *Au berceau de la Compagnie de Jésus.*
Saint Ignace. — 21 Mai.

De Burgos à Zumarraga en chemin de fer. La dernière partie du trajet est très pittoresque : des vallées encaissées entre de hautes montagnes, tantôt boisées, tantôt arides. Malheureusement nous grelottons de froid. Il est cinq heures du matin et nous sommes condamnés à voyager avec une glace ouverte. Une jeune fille qui occupe avec son père le même wagon que nous est très souffrante et à tout instant manque de s'évanouir. Oh ! le désolant contretemps que d'être malade en chemin de fer ! Pauvre jeune fille ! je la plains ; et encore son père s'excuse de nous faire geler. Bien vite, je le rassure.

Nous descendons à Zumarraga. Dix heures sonnent à la vieille horloge du village. Il nous reste dix-huit kilomètres à franchir en voiture pour arriver au château de Loyola, par une route charmante, très poétique et très retirée, deux fois chère après un séjour prolongé dans les villes. Elle serpente au bord de l'Urola, dans un joli vallon; on descend tout le temps. A droite et à gauche, sur les coteaux, chênes, noyers, vernes et sapins montent au-dessus d'un frais gazon. La nuance tendre du printemps sourit partout. La brise nous apporte le parfum embaumé des lilas d'Espagne qui rougissent le long du torrent.

Qu'il fait bon se laisser emporter au trot de deux excellents chevaux dans ce cadre gracieux. Pas de bruit : rien que le murmure discret du ruisseau qui roule sur les galets. Nulle autre silhouette que celle des arbres et de quelques chaumières isolées. A de longs intervalles nous croisons, sur le chemin, des petits chars basques, reconnaissables à leurs roues pleines, que traînent deux jeunes génisses.

Délicieux ce coquet vallon, avec les montagnes qui l'abritent en se renvoyant les regards et les sons! Aucune communication avec le dehors. Comme on se repose! Quelle serre tempérée pour faire fleurir les impressions! Les pensées intimes, les doux souvenirs qui craignent le grand jour et le bruit, tant ils sont tendres et susceptibles, le colloque avec soi-même, comme ils renaissent dans ce sanctuaire de la nature, parmi ce calme et cette poésie! Ainsi on voit revivre les malades à la bienfaisante chaleur du midi; ainsi l'eau ranime le poisson qui se desséchait sur l'herbe.

Toujours la route descend, toujours l'eau coule dans ce berceau de verdure. *Azcoïtia* : tous les hommes sont assis sur le pas de leur porte, occupés à tresser des espadrilles ; pas un ne manque de nous saluer.

Les collines sont relevées de leur garde ; elles s'enfuient. Pour avoir si bien veillé sur nos rêves, nous les remercions. L'horizon s'ouvre brusquement et Loyola apparaît dans un fond entre de hautes montagnes, couleur cendre de tabac, parcimonieusement boisées en bas et déchiquetées au sommet.

« Un parc immense s'étend en avant du collège et de l'église, construits au XVIIe siècle sur les plans de Fontana, somptueux tabernacle où une pieuse reine voulut enchâsser la modeste maison du fondateur de l'ordre des Jésuites (1). »

Ici tout est grandiose : l'étendue de la plaine, l'élévation des montagnes et leur sauvage nudité, les proportions hardies du monastère — la surface occupée par les bâtiments mesure deux hectares environ — la splendeur de la façade et la majesté du perron.

Au nord-est, un peu en arrière de la coupole qui abrite l'église, on voit émerger, au-dessus du toit, la tête d'une tour carrée en

(1) P. Coloma, S. J. : *Pequeñeces*.

pierres et en briques : c'est la *santa casa*, le lieu saint, le joyau de l'édifice. Là est né saint Ignace, là il fut touché par la grâce divine : double berceau de l'homme et du religieux, le berceau encore de cet ordre admirable, illustré de grands saints, qui rend depuis tantôt quatre cents ans à l'Eglise des services aussi éminents que variés, l'ordre le plus persécuté parce qu'il est aux ennemis de Dieu le plus redoutable.

Je comprends l'émotion extatique de François de Borgia en pèlerinage à Loyola.

Pour moi, comme j'aurais aimé, en ce lieu béni, à relire la vie du glorieux fondateur de la Compagnie de Jésus! j'aurais voulu, sur ce champ sacré où se livra entre l'esprit de Dieu et l'esprit de Satan le plus ardent des combats, apprendre toutes les phases de la lutte. La mémoire est si impuissante et parfois si traîtresse. Ma ferveur y aurait gagné.

Ce pèlerinage m'intéresse et m'impressionne au plus haut point. D'abord je suis élève des Jésuites, sincèrement attaché à eux et profondément reconnaissant des bienfaits que j'en ai reçus. Pour avoir passé ma jeunesse dans un de leurs collèges, je connais leur esprit large et élevé, leur solide discipline, et j'ai entendu narrer sur leur fondateur mille détails qu'il m'est agréable de me rappeler ici. Je me trouve en pays de connaissance et j'arrive à la source d'un fleuve dont le cours m'est familier; pendant six ans, comme élève, j'ai été porté sur ses eaux.

Et puis saint Ignace est une figure qui m'attache singulièrement. Entre les deux périodes de son histoire quel contraste saisissant! et comme la seconde est rendue plus méritoire par le souvenir de la première! comme celle-ci met en lumière celle-là, comme elle l'auréole! Oh! le sacrifice surhumain qui les relie comme un pont l'une à l'autre! Ignace à cette immolation apporta la noblesse, la loyauté, la générosité qu'il tenait de sa race et de son éducation. Il a fait les choses en chevalier, complètement, sans réserve, sans aucune arrière-pensée. Il s'est donné à Dieu tout entier; d'un seul coup d'épée il trancha les liens qui l'attachaient au monde et son âme s'envola, libre et souriante, vers les régions immortelles du ciel.

Quelle leçon ce fut pour les simples habitants de ce petit pays du Guipuzcoa, dont le manoir de Loyola était l'astre, de voir leur seigneur, en pleine fête de la vie, dire un irrévocable adieu à l'assemblage fortuit de tous les biens qui sont généralement souhaités comme le souverain bonheur ici-bas? Qu'ont-ils pensé, ces braves gens, à la lumière de leur bon sens, quand ils ont vu revenir parmi eux Ignace mendiant? Tout au fond de leur âme quelque chose a dû remuer, qui les a fait réfléchir, qui les a fait regarder là-haut.

La tour compte trois étages. Au second se trouvent les appartements du saint, trois pièces : une alcôve, une sacristie et une chapelle. C'est là qu'Ignace vécut sa convalescence, transformé par la grâce divine.

Ignace — *Iñigo* — était le treizième enfant de noble seigneur Beltran Yañez de Oñaz y Loyola et de dame Marie Saenz de Balba : les deux plus illustres familles, unies par le sang et par l'honneur, l'une d'Azcoïtia, l'autre d'Azpeitia, petites localités voisines. Pour armoiries, deux loups accotés à une marmite. D'abord page à la cour de Ferdinand le Catholique, Ignace embrassa ensuite la carrière des armes. Il fut parmi les preux et les vaillants, parmi les plus habiles aussi.

Au siège de Pampelune, en 1521, un éclat d'obus lui brisa la jambe droite et coupa le jarret non sans broyer plusieurs os. Le blessé fut recueilli dans le camp ennemi par les Français, puis renvoyé à Loyola. Il subit une grave et douloureuse opération : on scia au genou un os qui faisait saillie. Toutes ces souffrances, il les endura avec une patience héroïque ; c'était le commencement de la conversion. La veille de la fête des Apôtres, les médecins le déclarèrent sauvé. Saint Pierre lui apparut dans sa chambre. Quelque temps après, un tremblement de terre fut ressenti par tout le pays. D'autres prodiges se manifestèrent autour du néophyte.

Voilà ce qui s'est passé, il y a trois cent soixante-dix-neuf ans, dans ce sanctuaire où nous prions. Un parfum mystique l'emplit encore, qui s'infiltre en nous. Comme on prie bien à de telles places, avec recueillement, avec émotion, avec ferveur et confiance !

Il y a des lieux où l'on aime, des lieux où l'on prie, des lieux où l'on pleure, malgré soi, en ouvrant seulement son âme. comme si quelque chose de ce qui s'est passé là, il y a de longues années, était resté pour impressionner et en perpétuer le souvenir.

Dans la chapelle, sous l'autel, l'effigie en cire d'Ignace, allongé sur son lit, avec un livre, le fidèle ami du convalescent. Ses vêtements sont très riches : culotte de soie blanche et veste verte soutachée. On voit sa jambe bandée.

Les reliques abondent : un doigt du saint, le ciel de son lit ; une étoffe rouge pâle, émaillée de fleurs; l'anagramme I H S fait avec les restes de sa ceinture.

Le plafond, en bois doré, présente une série de médaillons qui retracent la vie du religieux. Au milieu, une scène curieuse le barre dans la largeur. Elle est d'un relief puissant, le bois a été fouillé à des profondeurs reculées et les diverses saillies ont été peintes. Ceci se passait pendant un des séjours que fit dans le pays, pour des raisons de santé, Ignace consacré à Dieu. On le voit qui prêche le peuple assemblé. Par une fenêtre ouverte une femme se penche, la main derrière l'oreille, l'œil fixe, elle paraît fascinée : une femme de mauvaise vie qui habitait le bourg d'Azpeitia, situé à deux kilomètres de là. Miraculeusement elle entendit les paroles de l'apôtre et en fut tellement bouleversée qu'elle se convertit.

Un tableau accroché au mur éveille aussi mon attention. Sur une mer déchaînée deux bateaux s'agitent. L'un déjà submergé va sombrer. L'autre est soulevé sur la pointe des flots ; à bord une silhouette se dessine, toute droite, qui semble interdire aux vagues l'accès du vaisseau.

Trois navires levaient l'ancre à Chypre en partance pour l'Italie, quand à son retour des Lieux Saints le serviteur de Dieu leur demanda l'hospitalité. Un galion turc repoussa insolemment ce passager vêtu de hardes. Celui-ci ne fut pas plus heureux auprès du second vaisseau qui était une galère vénitienne. Les pèlerins vantèrent en vain sa sainteté au capitaine. « Si cela est vrai, répond-il, qu'il marche sur les flots ! » Sur le troisième enfin, une frêle embarcation toute vermoulue, il reçut le plus bienveillant accueil. Aussitôt les voiles déployées, la tempête éclata. Le galion turc fut englouti, la galère vénitienne coula, mais les passagers purent se sauver ; seul le bateau qui portait Ignace, le plus fragile cependant, triompha des éléments.

Au second étage nous avons vénéré les vestiges de saint Ignace ; descendons l'escalier de la tour jusqu'au premier étage où trois chapelles s'élèvent sur les pas de cet illustre fugitif de la gloire mondaine, qui se nomme François de Borgia. C'est là qu'il célébra la messe en 1551. Son fils Jean qui la lui servait communia de sa main. Pour ornements sacerdotaux, il avait revêtu une riche chasuble brodée par la main de sa sœur la duchesse de Villahermosa. Oh! le touchant tableau! le pieux groupe formé au pied de l'autel que je vois en imagination! On nous montre la chasuble et aussi, dans un tabernacle, le moule en plâtre de la tête du Jésuite pris après sa mort.

Loyola est aujourd'hui la résidence du noviciat espagnol. Précieuse faveur pour ces jeunes religieux que de croître dans le berceau de l'ordre même, à l'ombre de leur glorieux père! C'est à Loyola aussi que les délégués de tous pays se réunissent pour procéder à l'élection du Père Général.

Le coucher du soleil nous surprit à Zumaya, sur les bords de la mer. Nous filions dans la direction de Zaraus, où un petit chemin de fer local devait en une heure nous transporter à Saint-Sébastien. Le joli bourg d'Azpeitia, la coquette station thermale de Cestona avaient, l'une après l'autre, marqué les étapes de la route. Adieu au capricieux torrent de l'Urola, adieu aux lilas d'Espagne, adieu au gazon! La mer, la pleine mer nous trace le chemin d'un côté, et de l'autre, une barrière de rochers découpés en une série de lamettes superposées, aussi fines que des feuilles de papier.

Oh! la joie de revoir la mer! Comme elle est bleue! Par ce temps calme mille plis imperceptibles rident sa surface comme on voit la respiration, pendant le sommeil, soulever à peine le sein de l'innocence. La mer! j'en réponds, à cette heure elle ne cache au fond de ses entrailles aucune colère sourde, aucune vengeance; nulle passion ne couve là-dessous. Un enfant impunément jouerait avec elle. Regardez-la soupirer. Un frisson court sur l'onde léger, insaisissable; illusion ou réalité, qui le dirait? Oh! la tentation d'être bercé sur ce sein, à la cadence régulière de ses battements! serait-ce assez bon cela, serait-ce assez reposant?

Indifférente aux regards indiscrets, elle dort,

la mer. Elle dort à l'ombre du clocher de Zumaya, solidement campé sur une éminence et défiant les montagnes qui, rangées en hémicycle, se dressent, crêtes au-dessus de crêtes, pour la voir elles aussi. Elle dort sous la garde vigilante de ce rocher escarpé, miniature de Gibraltar, que nous dépassons un peu plus loin. Comme son modèle il est relié à la côte par une étroite langue de terre. Avec ses deux cimes, la plus haute simulant une pyramide, l'autre couronnée d'un phare, il ressemble à un dromadaire. Entre ces sommets se creuse une dépression, une échancrure dont la courbe harmonieuse fait penser à la ligne du cou telle qu'elle se dessine, lorsqu'ils nagent, chez les cygnes.

Elle dort encore, la mer, quand nous atteignons Zaraus, localité pittoresque, peuplée de maisons antiques, elle dort sans s'éveiller au murmure de la ville, elle dort sans frissonner au contact de l'Orio; le sifflet aigu de la locomotive qui nous emporte la laisse aussi insensible que le reste.

SAINT-SÉBASTIEN. — *Scènes populaires.*
22 *Mai.*

Sur la *Concha* j'ai vu s'éteindre les derniers rayons du jour. Entre le mont *Orgullo* et le mont *Igueldo*, qui se dressent à l'entrée comme deux solides piliers, la mer envahit la baie. L'île *Santa-Clara*, au milieu, figure une barque qui rentre au port.

Pas encore ouverte la saison des bains de mer; Saint-Sébastien est inanimé. Palais, hôtels, villas, tous fermés. Sur la plage rien que des enfants qui jouent et prennent leurs ébats, des nourrices aussi, avec leurs cheveux nattés, les tresses s'effilant par le bas et prolongées par un ruban noir.

Mais au port, de l'autre côté du casino, une fête se prépare, et, quand la nuit est tombée sur la terre, la population s'y rend en masse. A l'entrée du môle, sous la porte massive qui donne accès dans la ville, un autel est élevé où des lumières flambent devant une statue de la Madone; et la rue qui monte de la mer à la cité est noire de monde, encombrée de flâneurs, gens du peuple relevés de quelques touristes. A mi-côte un pont enjambe cette rue, en reliant les deux tronçons d'une rue supérieure et perpendiculaire. Un orchestre s'y installe, comme sur une estrade, comme à un balcon. Aussitôt les premières notes de musique jetées au vent, le fleuve humain qui coule dans ce lit étroit, comme jadis les eaux de la mer Rouge sur le passage des Hébreux, se fend par le milieu, se divise et, rasant les bords de chaque côté, laisse libre le centre du canal. Des groupes se détachent qui, au son de l'orchestre, valsent dans la rue.

Cette fantaisie est contagieuse. A chaque minute, tout naturellement, de nouveaux couples se forment au hasard des rencontres et à la faveur du voisinage, qui tournent en mesure sur le pavé. On voit peu à peu la haie des curieux se dépouiller pour grossir le noyau des danseurs. Bientôt il ne reste plus qu'un mince cordon de spectateurs à droite et à gauche ; tout le monde a été entraîné dans le tourbillon.

Mon Dieu! comme ce peuple aime à danser! Dès qu'un air de musique arrive à ses oreilles, les pieds s'agitent d'eux-mêmes, marquent la mesure, tandis que les bras se replient sur les hanches ou vont chercher, selon le cas, d'autres bras, une taille à enlacer, pour exécuter à deux des mouvements et des pas d'une grâce charmante. Des femmes dansent toutes seules, des hommes valsent ensemble, sans que personne s'en étonne ou vienne les déranger, tant la danse ici est un art facile et agréable.

Quelques minutes de relâche et les promenades reprennent leur cours depuis l'autel de la Madone jusqu'au sommet de la rue, dans les deux sens. L'orchestre de nouveau se fait entendre et avec lui recommencent les jolis pas, les poses gracieuses, les rondes vertigineuses.

Et toute la soirée se passa ainsi jusqu'à ce que ce peuple fût las de son exercice préféré, las à ne plus se tenir debout, épuisé, défaillant, tout prêt à tomber. De voir des gens s'amuser si simplement, si franchement, me réjouit le cœur. C'est un spectacle si rare. Seulement il y a par trop d'agglomération et l'air manque pour respirer. Je jette un dernier regard chargé de regrets à ces grands enfants et je m'en vais.

Saint-Sébastien. — Tempête de nuit.

Dix heures et demie seulement. Il est trop tôt pour rentrer. Quinze jours déjà que je n'ai pas vu la mer de minuit. En suivant les avenues de l'Alameda, en glissant comme une ombre le long des bosquets et passant sous le bras des grands arbres, j'arrive à la Concha. Quel spectacle ! pas de lune, pas d'étoiles ! Une nuit noire, lugubre. Que peuvent les becs électriques éparpillés sur le quai contre de pareilles ténèbres ? D'ailleurs, par économie, on n'en a allumé qu'un sur deux.

Je m'enfonce dans l'obscurité qui m'attire précisément par son horreur. Le ciel et la mer opposent leurs draperies funèbres : la mer d'un noir poli, luisant, moiré, — elle paraît glissante comme le verglas, on la dirait cirée ; — le noir du ciel est plus mat, un noir de crêpe, d'étoffe à grains. Sur cette masse obscure et insondable du ciel, de la mer et de l'espace intermédiaire se détache, comme un collier de perles qu'on a négligé de fermer, l'hémicycle des lumières blafardes de la Concha.

Quels sont ces deux yeux de feu là-bas à droite et cet autre à gauche, tout seul, qui veillent dans l'espace, au-dessus de la mer, au-dessous du ciel, beaucoup plus gros que des étoiles, et qui brillent d'un si vif éclat? Les signaux du mont Orgueil et de Sainte-Claire, je suppose, seuls indices de ces rochers impitoyablement enveloppés par les ténèbres.

Un rais de lumière sur l'eau trahit la préparation, l'approche de la vague. La voilà : elle éclate, elle détone, écumante, terrible. Le vent fait rage : on l'entend hurler partout, et la mer bave par les mille lèvres qu'il creuse dans son sein.

Oh! le spectacle sublime! Je reste là, sur le sable humide, ébloui, assourdi, fasciné, les yeux captifs, l'esprit je ne sais où. Ces vagues, quelle gamme de teintes dans leur couleur! que d'images elles éveillent en moi, à travers leur désordre! je les prends pour de la neige, de la mousse, du lait, de l'argent.

En voilà une qui se cabre. Elle figure, en se recourbant, une ravissante coquille blanche à côtes, harmonieusement repliée à son extrémité supérieure. Regardez cette autre qui s'avance, taillée en biseau : ne dirait-on pas une proue de navire? Et là-bas, dans ces mèches blanches qui courent en zigzags, vite, très vite, on pourrait voir des serpents ou des lézards blancs, d'une espèce inconnue, pressés de se mettre à l'abri. Plus loin, un panache horizontal qui va en s'effilant et n'en finit plus : la fumée d'une locomotive sous-marine.

Il y a un instant, c'était un grand banc de craie, né du gonflement de l'eau, très large, qui s'avançait jusqu'au rivage ; à présent, surgissent de partout une multitude de petits bancs qui font la chaîne et vont se réunir pour former un immense banc horizontal, pareil à celui de tout à l'heure. — Une détonation effroyable, et je vois émerger et s'élever en l'air, éclaboussant tout, quatre vagues superbes et indomptables : des vagues énormes. Elles affectent, à la distance où je suis, des formes de chevaux, des poitrails bombés : tel le quadrige de Neptune.

C'est toute une armée que ces vagues, une armée qui monte à l'assaut de la plage. Sur la droite et sur la gauche, des crêtes blanches, serrées, figurent les bataillons carrés, les ailes. La charge violente, impétueuse, au centre. Quelques vagues galopent perpendiculairement aux autres ; j'imagine qu'elles portent les ordres. Il y a des chocs en retour.

La mer devient de plus en plus menaçante ; elle s'arrête, recule, se reprend, mais c'est toujours la même frange d'écume, toute dentelée, résultante inoffensive des forces accumulées au fond de l'horizon, qui vient lécher le bout de mes souliers.

Quel vacarme, par exemple ! le déchaînement de tous les esprits frappeurs et hurleurs. Comme ils sont impressionnants ces éclats, ces roulements, ces gémissements, dans cette obscurité sans issue, par cette nuit froide et humide! Ils pénètrent comme une lame, vous glacent et font courir des frissons sur le corps et sur l'âme. Je me trouvais seul. De rares promeneurs, couples tardifs au retour du môle, touristes amateurs humant l'air frais, Espagnols rentrant au foyer, découpaient leur silhouette sur le sable fin. Eux aussi étaient saisis. Je les voyais qui hésitaient, suspendaient leur marche, faisaient quelques pas, s'arrêtaient encore et ne s'éloignaient qu'à regret.

Ecoutez la détonation de la foudre, des coups de tonnerre stridents, un craquement formidable que répercutent toutes les montagnes d'alentour, un roulement sourd, puis un coup sec, celui du canon.

La voix de la colère alterne avec celle de la souffrance. Le monstre en courroux devient une victime plaintive et attachante, et de la terreur fait passer à la pitié. Un soupir qui croît et décroît tout de suite, un de ces soupirs de découragement, las, sans haleine, bientôt suivi d'un autre soupir prolongé, tiré de profondeurs insondables, qui s'élève jusqu'à une note très haute, décline lentement et tarde à se taire.

Il semble soulever, ce soupir-là, tous les chagrins recueillis sur les rivages que baigne la mer, tant il est chargé! Veuves de marins, *novias* inconsolables, sœurs en deuil, orphelins réduits à la misère, tous frappés par cette mer si tendre et si cruelle, si attachante et si terrible, ont confié à ses flots leur désolation et leurs inquiétudes, et les vagues fidèles, comme un clavier, les font retentir jusqu'ici. Douleur, déception, angoisse, résignation, révolte : il y a de tout cela dans le concert funèbre de la mer et du vent.

Peut-être, à cette heure même, la tempête sur l'océan immense fait-elle d'autres victimes? Leur chagrin renforcera encore ces voix douloureuses qui hurlent à mes oreilles. Ma pensée va rejoindre ceux qui luttent en ce moment, isolés de tout rivage hospitalier, durement malmenés par l'orage et incertains du lendemain. Pour eux, j'invoque la Vierge, étoile de la mer. Et que de tourments, de veilles anxieuses, d'affreux cauchemars, de serrements de cœur dans les chaumières de la côte, cinglées par le vent et l'eau, où reste vide la place d'un époux, d'un frère, d'un fils, d'un fiancé, qui sont là-bas où le vent fait rage, où le gouffre est noir, où la mer se tord!

Pour un peu, je m'imaginerais être quelqu'un de ceux-là, tant la sympathie a de prise sur nous, et, au-dedans de moi, je passe par les mêmes émotions qu'eux. Il me faut subir le dédoublement de ma personnalité.

Et je demeurai longtemps à mon poste, infiniment petit devant la puissance formidable des éléments, perdu dans l'immensité noire, noyé de sublime, et rivé là par toutes les forces de mon être pensant et sensible.

Mon âme était en deuil, elle aussi, quand il fallut m'arracher à ce spectacle pour rentrer à l'hôtel, en deuil surtout à la pensée de quitter ce pays si hospitalier, si poétique, si artistique et si attachant qu'est l'Espagne. Demain déjà les Pyrénées seront entre nous.

TABLE DES MATIÈRES

EN ESPAGNE

PRIMAVERA

L'ANDALOUSIE

MADRID

Abbeville. — Imprimerie C. Paillart.